はじめに

我が国の水道は、住民の生活に欠くことのできないライフライン施設として、現在、その普及率が 98%を超えている。今後の水道事業においては、水源から配水に至る既に整備された水道施設の維持管理を適切に行い、安定供給に向けて効率的に運用することが課題である。

特に、水道施設の中で大きな部分を占める配水管等の管路は、住民の安定給水に直結する重要な基幹施設である。そのため、そこに設置されたバルブ等の機器類は、水運用の要として、常に管路と一体となった適確な操作が可能でなければならない。

バルブ等の機器類を収納するボックス（弁室）の出入り口に設置される鉄蓋類（鉄蓋、弁筐）は、バルブ等の機器類の操作に支障を与えないように、常に迅速な開閉操作が可能なように維持管理を行う必要がある。

また、鉄蓋類は、通常、路面に設置されて車両通行等の荷重を直接受けている。一方、機器類を収納するボックス等には、常に土圧などの外力が作用している。そのため、これらの鉄蓋類やボックス等について、その損傷、劣化等を未然に防止して、車両通行などの安全性を確保することも維持管理上重要である。

このような考えを踏まえ、日本水道協会は平成 15 年 12 月に、鉄蓋類などの維持管理マニュアル作成を目的として、水道事業者と製造者側との実務者で構成する水道用バルブ・鉄蓋維持管理向上研究会を設置し、日常の鉄蓋類の維持管理業務に適用する実務的なマニュアルとして「水道用鉄蓋類維持管理マニュアル 2004」を作成した。

この発刊から十数年が経過し、平成 30 年の道路法改正による、道路管理者に対する占用物件の維持管理義務の明確化、令和元年の水道法改正による、点検を含む施設の維持・修繕の義務付け、台帳整備の義務付け等の法改正を踏まえて、令和２年８月に水道用鉄蓋類維持管理マニュアル改訂専門委員会を設置した。

本マニュアルは、鉄蓋類の維持管理業務に必要な基礎知識をはじめ、維持管理の考え方、維持管理上の注意点、施工方法について示した一般的なガイドラインになっている。したがって、本マニュアルの活用に当たっては、これを参考とし、各水道事業者等の実情に合わせた維持管理の考え方を定めることが肝要である。

なお、本協会では、本マニュアル以外に、水道用バルブに関する維持管理マニュアルも別途作成しているが、水道事業者等において、水道用バルブ・鉄蓋の維持管理向上のために、両マニュアルを有意義に活用いただければ幸いである。

令和３年３月

水道用鉄蓋類維持管理マニュアル改訂専門委員会
委員長　長岡　裕

水道用鉄蓋類維持管理マニュアル改訂専門委員会委員名簿

委員長	東京都市大学 建築都市デザイン学部都市工学科 教授	長岡 裕
副委員長	東京都水道局 給水部 配水課長	都丸 敦
委員	札幌市水道局 給水部 給水課長	大原 英人
〃	仙台市水道局 給水部 南配水課主幹兼東維持係長	横橋 勇太郎
〃	横浜市水道局 浄水部 西谷浄水場長	岩田 新
〃	名古屋市上下水道局 技術本部管路部 配水課長	早川 裕之
〃	大阪市水道局 工務部 配水課長	大久保 忠彦
〃	広島市水道局 技術部 管路工事課長	田屋 淳
〃	福岡市水道局 保全部 保全調整課長	清水 俊郎
〃	水道用鉄蓋工業会 技術委員長	藤元 高明
〃	水道用鉄蓋工業会 技術副委員長	佐藤 達也
〃	水道用鉄蓋工業会 技術委員	岩上 智一
〃	水道用鉄蓋工業会 技術委員	河本 祐哉
〃	水道用鉄蓋工業会 事務局長	竹中 史朗
事務局	日本水道協会 工務部技術課 担当課長	翠川 和幸
〃	日本水道協会 工務部技術課 技術専門監	大上 高弘
〃	日本水道協会 工務部技術課 技術専門監	武村 盛史
〃	日本水道協会 工務部技術課 技術専門監	河原 一喜
〃	日本水道協会 工務部技術課 技師	猪股 遼

（上記職名は、委嘱当時の職名による）

目　　　　　　次

第１章　総則

第２章　水道用鉄蓋類の基礎知識

第３章　水道用鉄蓋類の維持管理

第４章　水道用鉄蓋類の施工方法

参　考

第１章　総則

1.1　目的

本マニュアルは、水道施設の付属設備であるバルブ等を納める室やボックス、鉄蓋等を総称して水道用鉄蓋類とし、水道用鉄蓋類の概要や維持管理の基本的な考え方、更新する際の取替え方法等、維持管理を行う上で必要な情報を示している。

1.2　位置付け

水道用鉄蓋類は、一般に道路や施設内に設置されているが、維持管理の適否によっては、通行する歩行者や車両等に対し、重大な影響を与えるおそれがある。「**水道維持管理指針2016**」では、水道用鉄蓋類の適正な維持管理についても必要としており、日常的な点検調査・整備等については本マニュアルを参照することとしている。

また、厚生労働省発行の「**水道施設の点検を含む維持・修繕の実施に関するガイドライン（令和元年９月）**」においても法令や「**水道維持管理指針 2016**」等の技術指針に基づいて取りまとめられており、水道用鉄蓋類の標準的な点検方法について、本マニュアルを参照することとしている。

水道用鉄蓋類の維持管理を計画的に実施するためには、水道施設の維持管理計画と併せて検討することも重要であることから、本マニュアルとともに、上記の指針とガイドラインも参考にして適正かつ効率的な維持管理を実施されたい。

なお、本マニュアルは、各水道事業者が地域の特性に応じた独自の基準やマニュアル等の設置を妨げるものではない。

1.3　維持管理に関する関係法令の最近の動向（道路法・水道法）

平成 30 年９月 30 日に施行された「**道路法等の一部を改正する法律**」（平成 30 年法律第６号）により、道路占用者に対する占用物件の維持管理義務が明確化された。適切な維持管理を行わず、占用物件が道路の構造や交通に支障を及ぼし、又はそのおそれがある場合には、維持管理義務違反に問われる可能性がある。

さらに、令和元年 10 月 1 日に施行された「**水道法の一部を改正する法律**」（平成 30 年法律第 92 号）により、適切な資産管理の推進として、「水道事業者等に、点検を含む施設の維持・修繕を行うことを義務付けることとする。（第 22 条の２）」、「水道事業者等に台帳の整備を行うことを義務付けることとする。（第 22 条の３）」、「水道事業者等は、長期的な観点から、水道施設の計画的な更新に努めなければならないこととし、そのために、水道施設の更新に要する費用を含む収支の見通しを作成し公表するよう努めなければならないこととする。（第 22 条の４）」とされている。

表 1.1 「道路法」及び「道路法施行規則」の条文（抜粋）
（「道路法等の一部を改正する法律」（平成 30 年法律第６号））

道路法

（占用物件の管理）

第三十九条の八 道路占用者は、国土交通省令で定める基準に従い、道路の占用をしている工作物、物件又は施設（以下これらを「占用物件」という。）の維持管理をしなければならない。

（占用物件の維持管理に関する措置）

第三十九条の九 道路管理者は、道路占用者が前条の国土交通省令で定める基準に従って占用物件の維持管理をしていないと認めるときは、当該道路占用者に対し、その是正のため必要な措置を講ずべきことを命ずることができる。

（報告及び立入検査）

第七十二条の二 道路管理者は、この法律（次項に規定する規定を除く。）の施行に必要な限度において、国土交通省令で定めるところにより、この法律若しくはこの法律に基づく命令の規定による許可等を受けた者に対し、道路管理上必要な報告をさせ、又はその職員に、当該許可等に係る行為若しくは工事に係る場所若しくは当該許可等を受けた者の事務所その他の事業場に立ち入り、当該許可等に係る行為若しくは工事の状況若しくは工作物、帳簿、書類その他の物件を検査させることができる。

道路法施行規則

（占用物件の維持管理に関する基準）

第四条の五の五 法第三十九条の八の国土交通省令で定める基準（新設）は、道路占用者が、道路の構造若しくは交通に支障を及ぼし、又は及ぼすこととなるおそれがないように、適切な時期に、占用物件の巡視、点検、修繕その他の当該占用物件の適切な維持管理を行うこととする。

表 1.2 「**水道法**」及び「**水道法施行規則**」の条文（抜粋）
（「水道法の一部を改正する法律」（平成 30 年法律第 92 号））

水道法

（水道施設の維持及び修繕）

第二十二条の二 水道事業者は、厚生労働省令で定める基準に従い、水道施設を良好な状態に保つため、その維持及び修繕を行わなければならない。

2 前項の基準は、水道施設の修繕を能率的に行うための点検に関する基準を含むものとする。

水道法施行規則

（水道施設の維持及び修繕）

第十七条の二 法第二十二条の二第一項（法第二十四条の三第六項及び法第二十四条の八第二項の規定により適用する場合を含む。）の厚生労働省令で定める基準は、次のとおりとする。

一 水道施設の構造、位置、維持又は修繕の状況その他の水道施設の状況（次号において「水道施設の状況」という。）を勘案して、流量、水圧、水質その他の水道施設の運転状態を監視し、及び適切な時期に、水道施設の巡視を行い、並びに清掃その他の当該水道施設を維持するために必要な措置を講ずること。

二 水道施設の状況を勘案して、適切な時期に、目視その他適切な方法により点検を行うこと。

三 前号の点検は、コンクリート構造物（水密性を有し、水道施設の運転に影響を与えない範囲において目視が可能なものに限る。以下次項及び第三項において同じ。）にあつては、おおむね五年に一回以上の適切な頻度で行うこと。

四 第二号の点検その他の方法により水道施設の損傷、腐食その他の劣化その他の異状があることを把握したときは、水道施設を良好な状態に保つように、修繕その他の必要な措置を講ずること。

2 水道事業者は、前項第二号の点検（コンクリート構造物に係るものに限る。）を行つた場合に、次に掲げる事項を記録し、これを次に点検を行うまでの期間保存しなければならない。

一 点検の年月日

二 点検を実施した者の氏名

三 点検の結果

3 水道事業者は、第一項第二号の点検その他の方法によりコンクリート構造物の損傷、腐食その他の劣化その他の異状があることを把握し、同項第四号の措置（修繕に限る。）を講じた場合には、その内容を記録し、当該コンクリート構造物を利用している期間保存しなければならない。

1.4 用語の定義

１．水道用鉄蓋類

本マニュアルでは、水道施設（取水、貯水、導水、浄水、送水、配水の各施設）の管路の付属設備として設置されるバルブ等の機器類（仕切弁、消火栓、空気弁等）の保護、収納を目的に地下に設けられたバルブ室や弁筐、消火栓室、空気弁室、並びにその上部に設置される鉄蓋を総称して水道用鉄蓋類としている。（**図 1.1** 参照）

２．巡視

水道施設の異状の有無や機能の低下などの状態を確認するために目視、点検すること。

水道用鉄蓋類の巡視作業は、蓋を開けずに蓋表面と周辺舗装の状態や鉄蓋の種類等を確認し、目視で異常の有無を確認するとともに、設置環境の把握を行う。

３．点検・調査

水道施設の異状の有無や機能の低下などの状態を確認すること。

水道用鉄蓋類の点検作業は、蓋を開閉し、蓋及び受枠、周辺舗装、基礎調整部等の状況の確認を行う。

４．維持

水道の機能を確保するために、水道施設の運転、巡視、点検、調査、診断、清掃等の作業を行うこと（工事を伴わない）。

５．修繕

水道施設の損傷、腐食その他劣化を把握したときに、原状程度に復旧するために工事等を行うこと。技術指針類で「補修」、「修理」と記載されている場合も、本マニュアルでは「修繕」と表記している。

６．診断

既存水道施設について顕在化した機能低下現象や潜在的な機能不足の状況を的確に把握し、原因を究明して可能な限り客観的に機能水準を評価すること。

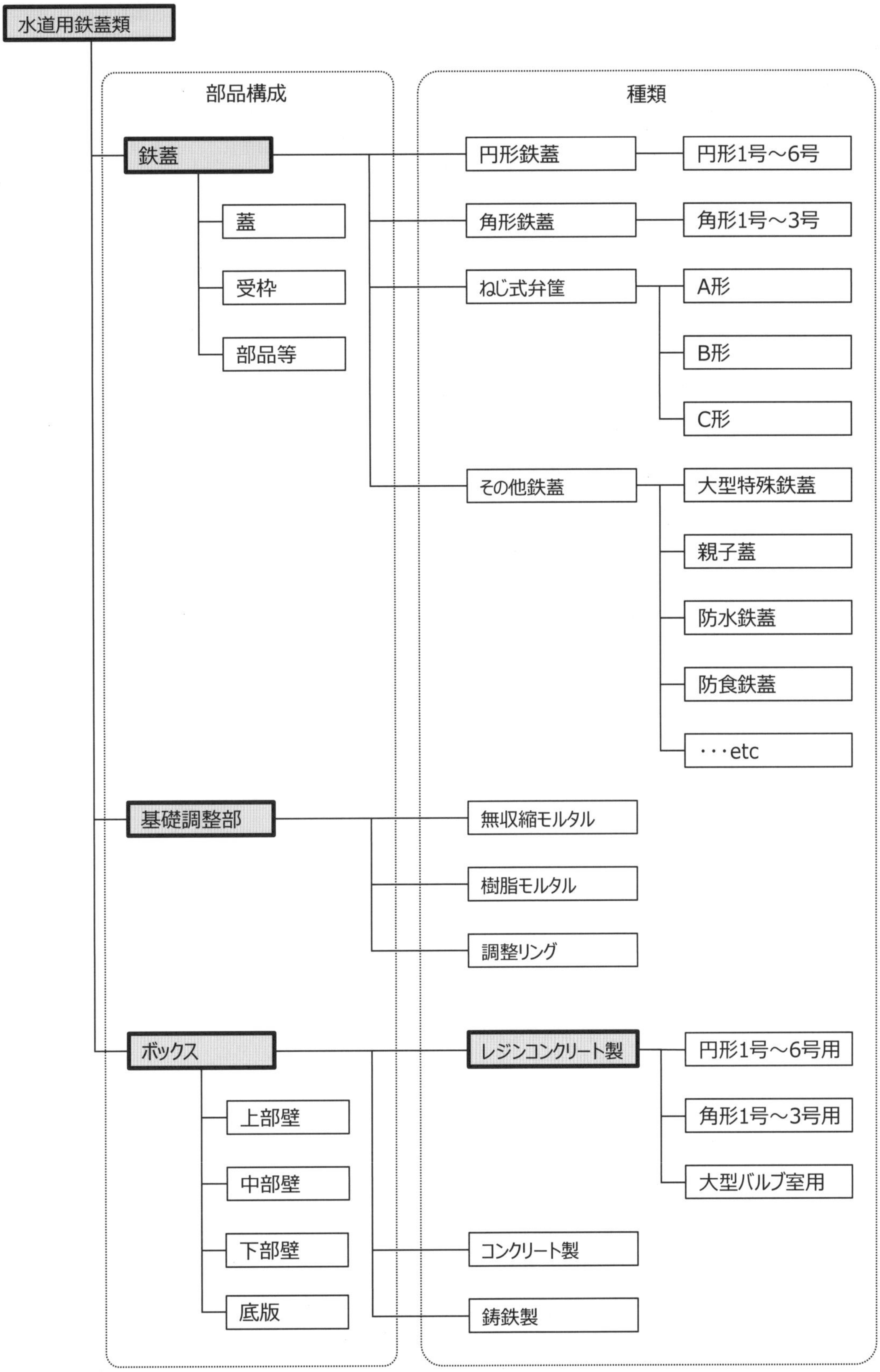

- 水道用鉄蓋類
  - 部品構成 / 種類
  - 鉄蓋
    - 部品構成: 蓋 / 受枠 / 部品等
    - 種類:
      - 円形鉄蓋 — 円形1号～6号
      - 角形鉄蓋 — 角形1号～3号
      - ねじ式弁筐 — A形 / B形 / C形
      - その他鉄蓋 — 大型特殊鉄蓋 / 親子蓋 / 防水鉄蓋 / 防食鉄蓋 / ・・・etc
  - 基礎調整部
    - 種類: 無収縮モルタル / 樹脂モルタル / 調整リング
  - ボックス
    - 部品構成: 上部壁 / 中部壁 / 下部壁 / 底版
    - 種類:
      - レジンコンクリート製 — 円形1号～6号用 / 角形1号～3号用 / 大型バルブ室用
      - コンクリート製
      - 鋳鉄製

図 1.1　水道用鉄蓋類

第２章　水道用鉄蓋類の基礎知識

水道用鉄蓋類は、保護するバルブの種類や用途、設置される環境に応じて必要な性能・機能・形状なども異なることから、適切な鉄蓋類を選定し、維持管理を実施していく必要がある。

本章では、水道用鉄蓋類の維持管理を実施していくに当たり必要な基礎知識として、水道用鉄蓋類に求められる性能・機能、構造・形状、種類や適用例について記載する。

2.1　水道用鉄蓋類とは

水道は、道路などに埋設された管路を通じて、需要者に水を供給している。水道管路には、水圧や水量等を制御するバルブ等の付属機器類が設置され、それらの機器類を保護、収納するために、通常、バルブ室等が設けられている。水道用鉄蓋は、このようなバルブ室等の上部路面などに設置される蓋で、バルブ等の機器類の操作、点検、維持、修繕時等に開閉される。

また、小口径の水道管路では、バルブ室を設けずに、バルブ操作のための開閉器具の挿入孔として弁筐が設置されることが多い。さらに、埋設管路に設置される消火栓や空気弁においては、それぞれ消火栓室、空気弁室が設けられ、機器類の操作、点検、維持、修繕時等に使用される。

埋設管路に設置されたバルブ等の付属機器類の操作、点検用に設けられている室は、現場打鉄筋コンクリート造や、レジンコンクリート製ボックスなどのプレキャスト製品（二次製品）により築造される。

本マニュアルでは、これらを一括して“水道用鉄蓋類”とする。

【解説】

人の生活圏には、水道、下水、電気、ガス等のライフラインが埋設され、保全、維持管理するために、目的に応じた機器類が設置されている。

水道用鉄蓋は、水道施設（取水、貯水、導水、浄水、送水、配水の各施設）の管路において、機器類の保護、収納を目的に地下に設けられたバルブ室や弁筐の地上面に設置される鋳鉄製の蓋である。

バルブ室に設置される鉄蓋は、バルブ室の出入り口などとして設置し、機器類の搬出入や操作、点検、維持・修繕時等に開閉される。また、小口径の管路では、バルブ室を設置せずバルブ類（給水装置などに設置される栓などを含む）を直接地中に埋設することが多い。そのような場合には、バルブ類を操作する開閉器具の挿入孔として、上部に弁筐が設置される。

また、埋設管路に設けられる空気弁や消火栓については、機器類の操作やメンテナンスを行うためにそれぞれ空気弁室や消火栓室が設けられる。

（1）バルブ室

一般に、バルブ室は、内部に出入りしてバルブの操作やメンテナンス、取替えを行うために設けられる。

現地で築造される鉄筋コンクリート製のものをはじめ、コンクリートやレジンコンクリート製などのプレキャストのものが用いられる。主に遮断用バルブ、制御用バルブ、バタフライ弁をはじめ、減圧弁や電動弁、流量計、緊急遮断弁など、メンテナンスが必要なバルブ等の設置に使用される。

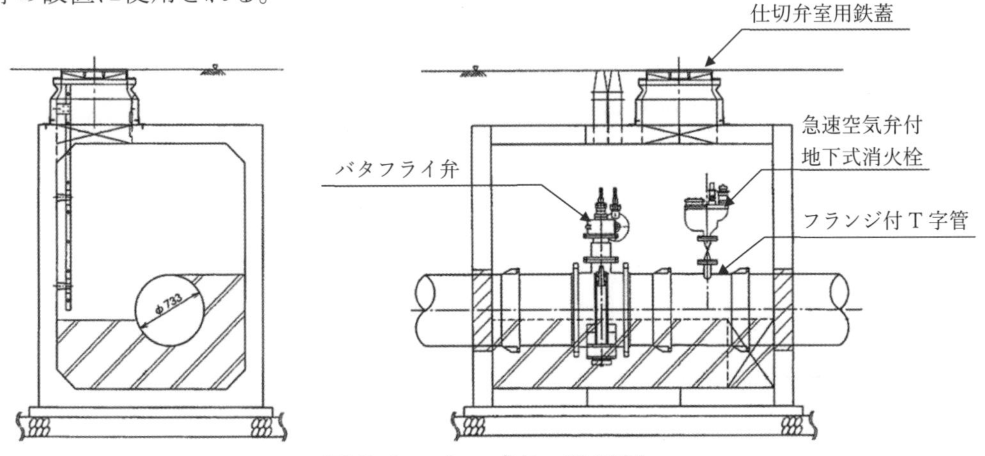

図 2.1　バルブ室の設置例

（2）弁筐

一般に、弁筐は、バルブ（主に仕切弁）の操作を行うために設けられる。

部材を積み上げて築造するコンクリート製及びレジンコンクリート製のボックスや、鋳鉄製のねじ式弁筐などがある。バルブの周囲に砕石基礎工などを施し、その上に弁筐を設置し、バルブ操作のための開閉器具の挿入孔として用いられる。

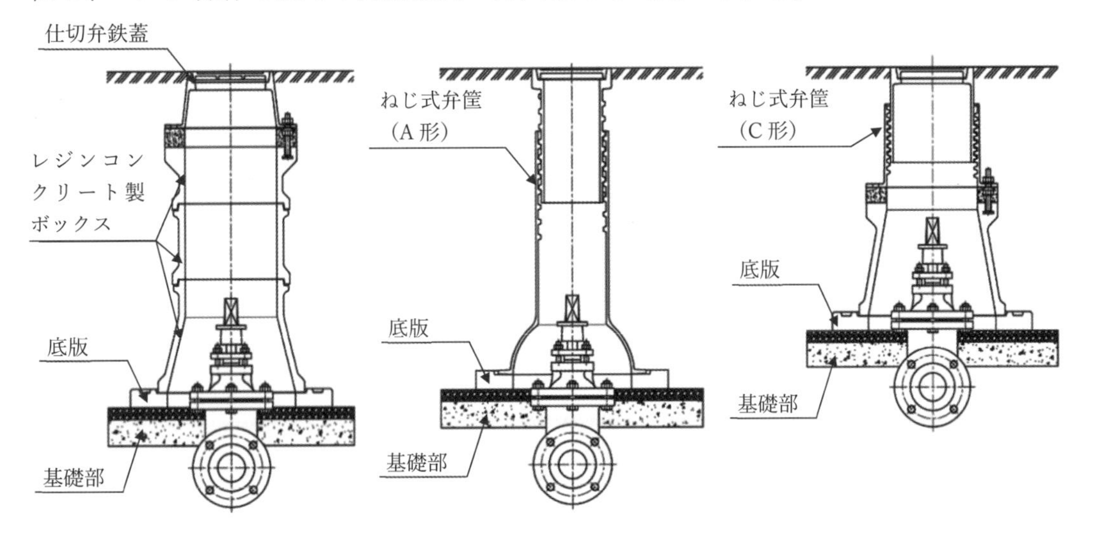

図 2.2　弁筐の設置例

（3）空気弁室、消火栓室

埋設管路に設けられる空気弁や消火栓については、バルブの操作やメンテナンスを行うためにそれぞれ空気弁室や消火栓室が設けられる。

部材を積み上げて築造するコンクリート製及びレジンコンクリート製のボックスなどがある。管路の断水を避けてメンテナンスを行うために補修弁が設けられる場合は、補修弁の操作に支障がないように作業スペースを確保し、砕石基礎工などを施し、その上に室が設置される。

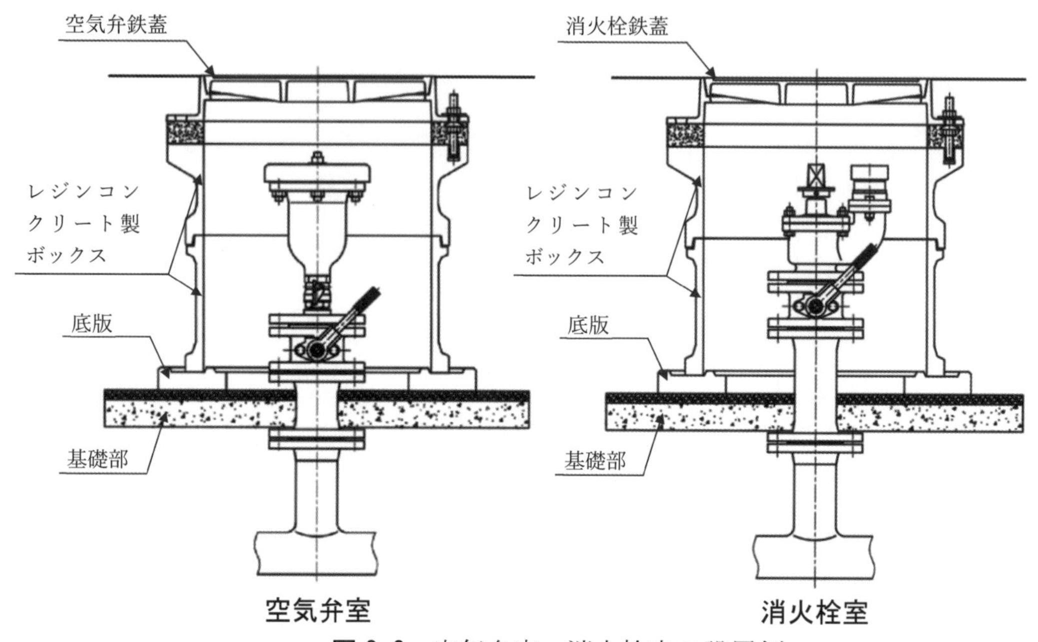

図 2.3　空気弁室、消火栓室の設置例

（4）レジンコンクリート製ボックスについて

レジンコンクリート製ボックスとは、レジンコンクリート（注1）製のプレキャストの下桝で、バルブ等の機器類を保護・収納し、操作、点検するための室の築造に使用される。

従来、室は現場打鉄筋コンクリート造や、プレキャストコンクリート製品（二次製品）などにより築造されてきたが、近年、施工部材の運搬性、施工の簡便性、強度面などがより優れたレジンコンクリート製ボックスが使用されている。

注1　レジンコンクリート：　原材料は、合成樹脂、硬化剤、骨材、充填剤、補強材等で構成されている。軽量で高強度な特性を持ち、耐薬製品などにも優れている。通常、プレキャスト（前もって成形した）のコンクリート製品の材料として用いられる。

2.2 水道用鉄蓋類の性能・機能

水道用鉄蓋類の有すべき性能・機能を以下に示す。
（1）破損防止性能
（2）がたつき防止性能
（3）スリップ防止性能
（4）土砂流入防止機能
（5）蓋開閉操作機能
（6）浮上・飛散防止機能
（7）転落・落下防止機能
（8）不法開放防止機能

【解説】

水道用鉄蓋類は、道路の一部として、破損・変形しない、がたつきがない、スリップしないなど、鉄蓋上を通行する車両や歩行者に対する安全性を常に確保し続ける性能が求められる。

維持管理の観点では、バルブ操作等に支障をきたさないように確実に蓋が開放でき、また蓋表面からの土砂流入を極力防止する等の機能が求められる。

また、鉄蓋の用途に応じた必要な機能として、蓋の浮上・飛散防止機能、転落・落下防止機能、不法開放防止機能などがある。

（1）破損防止性能

水道用鉄蓋類の破損は、設置される道路の荷重条件に適していない鉄蓋類を使用した場合などに発生する。したがって、鉄蓋類の破損防止性能としては、たわみ、残留たわみ（荷重たわみ性）、破壊荷重（耐荷重性）の各項目が規定値を満たす必要がある。（「**2.3.7 水道用鉄蓋類の設計荷重**」参照）

（2）がたつき防止性能

水道用鉄蓋類のがたつきは、蓋の支持構造が平受け方式の場合や、繰り返しの車両通行による支持部の偏摩耗によって蓋の収まりが不安定な場合などに発生する。また、基礎調整部（**注2**）の不良により、鉄蓋全体にがたつきが発生する場合もある。これらのがたつきは、車両通行時にがたつき音が発生し、周辺住民からの苦情や周辺舗装の劣化を発生させ、最悪の場合、蓋が飛散する原因となることから、がたつき防止性能を有する鉄蓋を選定する必要がある。（「**2.3.3　蓋と受枠のかみ合わせと蝶番構造**」参照）

注2　基礎調整部：　ボックス上部壁と鉄蓋の受枠との間。この部分に無収縮モルタルや樹脂モルタルを充填、又は調整リングを挿入して、路面と鉄蓋との高さ調整を行う。

（3）スリップ防止性能

鉄蓋上でのスリップは、蓋の表面が摩耗し、すべり抵抗が小さくなる場合などに発生する。鉄蓋上でのスリップの危険性を低減させるためには、使用場所などを勘案し、必要に応じてスリップ防止性能を有する蓋を選定するとともに、維持管理上も蓋の摩耗状況を管

理する必要がある。（「**2.3.4　鉄蓋の表面模様とスリップなどの防止**」参照）

（４）土砂流入防止機能

土砂が蓋表面の開閉器具穴から流入し、バルブ室や弁筐内へ堆積された状態になると、内部に設置された機器類の操作に支障をきたすだけでなく、故障の原因となるなど、維持管理に支障をきたすおそれがあるため、バルブ室や弁筐内への土砂の流入は極力防止する必要がある。そのため、土砂流入防止機能として、開閉器具を挿入する鍵穴に閉塞蓋を取り付ける構造とすることも有効である。

（５）蓋開閉操作機能

水道用鉄蓋類は、バルブ室や弁筐内部に設置された機器類の操作、点検、維持・修繕時等に開閉されるものであり、緊急時の開閉や作業時の交通の妨げにならぬよう、迅速・確実な蓋開閉時の操作性が求められる。特に消火栓鉄蓋など、蓋の開放に緊急性を要する箇所などにおいては、開閉作業の省力化、迅速化に配慮した開放機能を有する鉄蓋を使用する場合がある。

（６）浮上・飛散防止機能

蓋の浮上・飛散防止については、蓋と受枠を連結する鍵と蝶番部品に浮上・飛散防止機能を有する蓋を選定することが有効である。

バルブ室や弁筐内部に設置された機器類の中でも、急速空気弁については、大量の排気能力をもつことから、排気時に蓋の飛散や空気弁室ごと浮上するおそれがある。対策としては、蓋に適切な開口部（排気孔）を設ける、他の排気設備を設置する、通水作業等で大量排気が想定される際は蓋を開けて作業する等によって、十分な排気性能を持たせることがあげられる。蓋に開口部（排気孔）を設ける場合は、（４）土砂流入防止についても配慮することが望ましい。

（７）転落・落下防止機能

水道用鉄蓋類の中でも耐震性貯水槽など、深さがあり作業者や通行者が転落・落下する危険性がある箇所に設置される鉄蓋については、転落・落下防止機能を付加する場合がある。

（８）不法開放防止機能

水道用鉄蓋類には、バルブ等の機器類を保護する性能が求められており、関係者以外による蓋の不法開放により、機器類の破損や転落事故が発生しないよう、専用器具以外では容易に開けられない機能を付加する場合がある。

中には蓋裏の開閉器具用の穴部分に不法開放防止用の錠を取り付けたものもあり、専用器具で蓋を操作することで解錠し、蓋を閉める際には自動で施錠される構造のものもある。

2.3　水道用鉄蓋類の構造、形状、強度等

2.3.1　鉄蓋の構造、形状

鉄蓋は、蓋とそれを支える受枠で構成される。また、鉄蓋の形状には、円形と角形があり、それぞれに構造的な特徴を持っている。

鉄蓋の採用に当たっては、両者の構造的な特徴を理解した上で、機器類の操作性・安全性などに配慮して、その形状を決定する。

【解説】

鉄蓋は、蓋と受枠がかみ合って、蓋の荷重を受枠が支える構造となっている。また、鉄蓋の形状には、円形（**図 2.4** 参照）と角形（**図 2.5** 参照）があり、両者には、それぞれに構造的な特徴がある。

円形鉄蓋は、機械加工が容易であり、がたつき防止や舗装面との整合性に優れている。また、鉄蓋の下部には、同じ円形のボックス類が接続されるので、室全体の壁面に働く土圧にも有利な構造となる。また、円形鉄蓋は、構造的に、受枠の内径よりも蓋の外径の方が常に大きいことから、角形鉄蓋とは異なり、蓋が受枠を通り抜けて室内に落下する危険はない。

なお、大型の円形鉄蓋（φ900 以上）の場合には、蓋の重量が大きくなるので、常時の点検用に、子蓋（φ600）が設けられることもある。（**図 2.6** 参照）

一方、角形鉄蓋は、蓋と受枠がともに角形であるので、取り外した蓋の向きによっては、蓋が受枠内を通り抜けて室内へ落下する危険がある。そのため、角形鉄蓋には、通常、蓋の落下防止を図るために、蓋と受枠を接続する蝶番金具が取り付けられる。

なお、蝶番金具を付けた角形鉄蓋の場合には、180°垂直展開して開放可能な構造や、開けた蓋を斜めに立ち上げた状態で保持できる構造がある。（**図 2.7**、**図 2.8** 参照）立ち上げ保持構造の角型鉄蓋は、狭い作業スペースでの機器類の操作などに有利である。

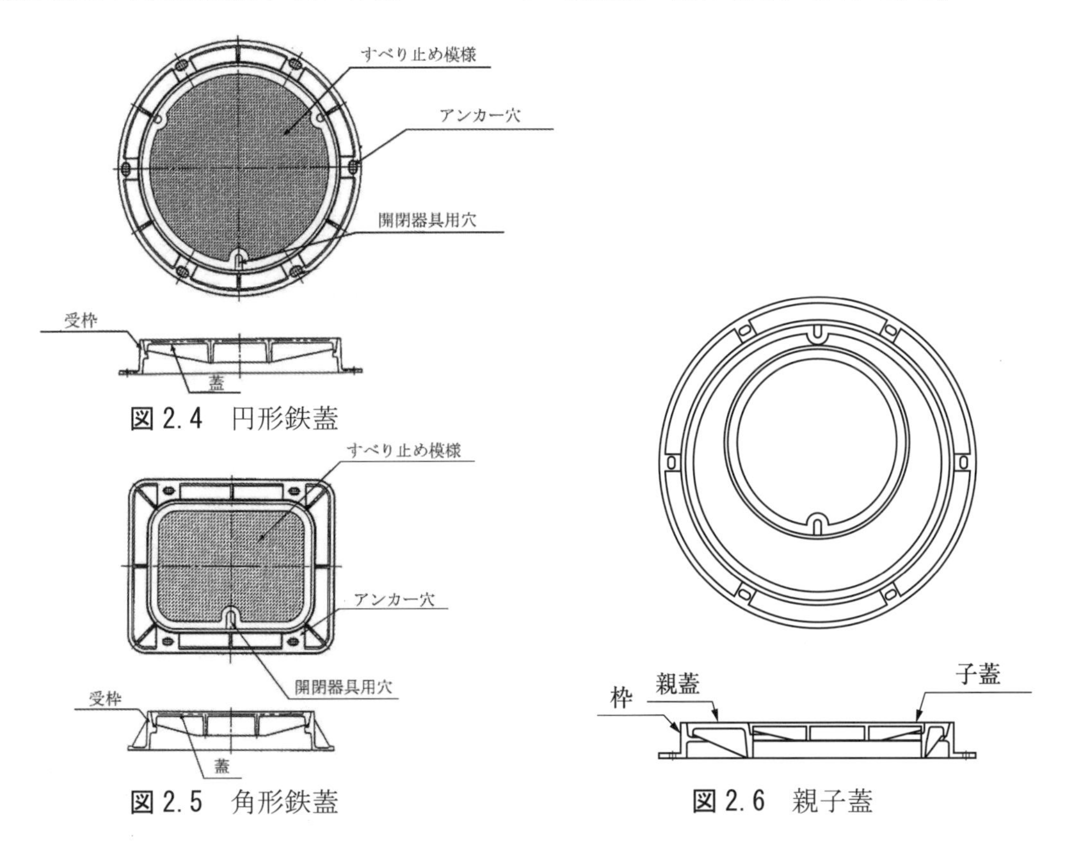

図 2.4　円形鉄蓋

図 2.5　角形鉄蓋

図 2.6　親子蓋

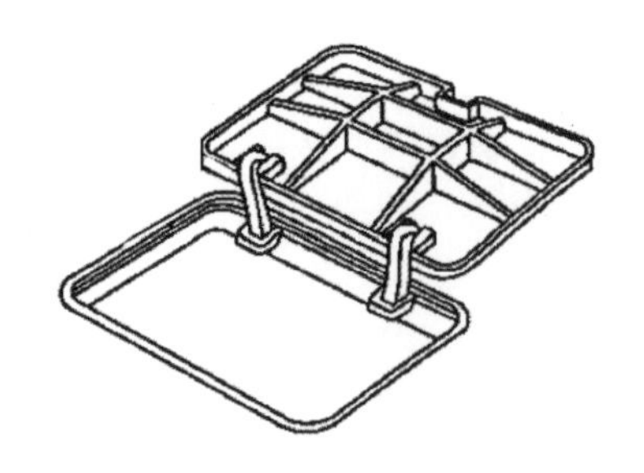

図 2.7 角形鉄蓋の垂直展開方式

図 2.8 角形鉄蓋の立て蓋方式

2.3.2 ねじ式弁筐の構造、形状

ねじ式弁筐は、鉄蓋と二重構造の円筒枠（上部枠、下部枠）で構成されている。円筒枠の長さは、バルブ類の埋設深さに応じて、上部枠と下部枠との接続部に付けられたねじを回転させて調整する。

ねじ式弁筐の種類には、円筒枠の長い筐と短い筐がある。なお、円筒枠の短い筐の場合には、一般に、レジンコンクリート製ボックスなどと組み合わせて長さを調節することが多い。

【解説】

ねじ式弁筐は、一般に、鉄蓋と二重構造の円筒枠（上部枠、下部枠）で構成され、円筒枠の長さの違いによって種別される。すなわち、円筒枠の長い筐（**図 2.9** 参照）と短い筐（**図 2.10** 参照）の２種類がある。いずれもバルブの埋設深さに応じて、その円筒枠の長さをねじで調整する構造となっている。円筒枠の短い筐の場合には、レジンコンクリート製ボックスなどと組み合わせて使用することが多く、それによって長さを調節している。

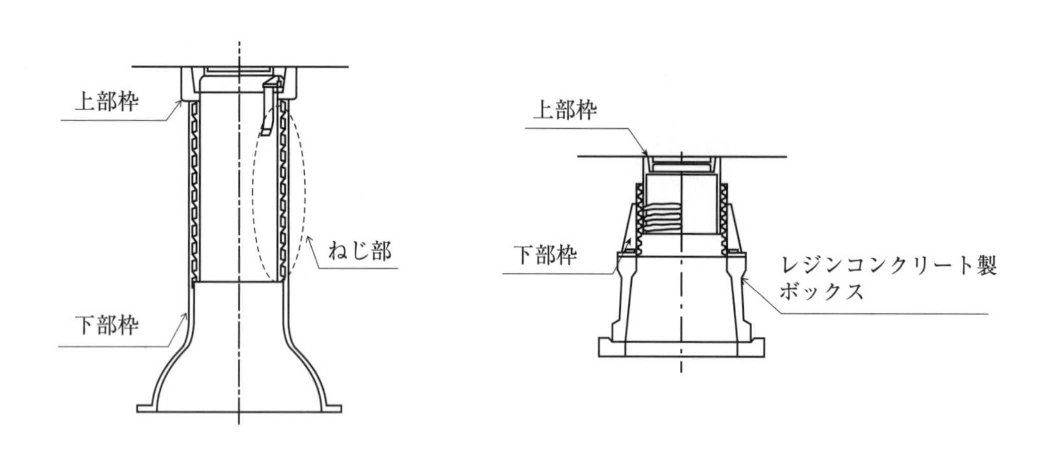

図 2.9 円筒が二重構造で全長が長い筐　**図 2.10** 円筒が二重構造で全長が短い筐

2.3.3　蓋と受枠のかみ合わせと蝶番構造

蓋を支える受枠の構造には、従来の平受け方式に変わって、近年、急勾配受け方式が多く採用されている。

また、角形鉄蓋の落下防止以外にも、蓋の盗難や飛び跳ね防止等のために、蓋と受枠を蝶番で連結する方式の採用が多くなった。

なお、蓋の開閉操作に当たっては、蓋の構造に合わせた専用の開閉器具を用いて、円滑、適確に行う必要がある。

【解説】

蓋の支持構造は、従来、平受け方式（**図 2.11** 参照）が主流であった。しかし、道路交通車両の大型化や交通量の増大に伴い、平受け方式の蓋と受枠との隙間で発生するがたつき騒音が問題視されるようになった。そのため、現在では、蓋と受枠が密着してがたつきを抑える急勾配受け方式（**図 2.12** 参照）が多くの鉄蓋に採用されている。

また、蓋の開閉操作の容易性や飛び跳ね防止等を考慮して、蓋と受枠を蝶番金具で連結する方式が多く採用され、従来の鎖による連結は採用が少なくなっている。（**図 2.13、2.14** 参照）

なお、開閉器具用穴には、土砂の流入を防ぐ閉塞蓋（**図 2.14** 参照）が取り付けられるようになっている。

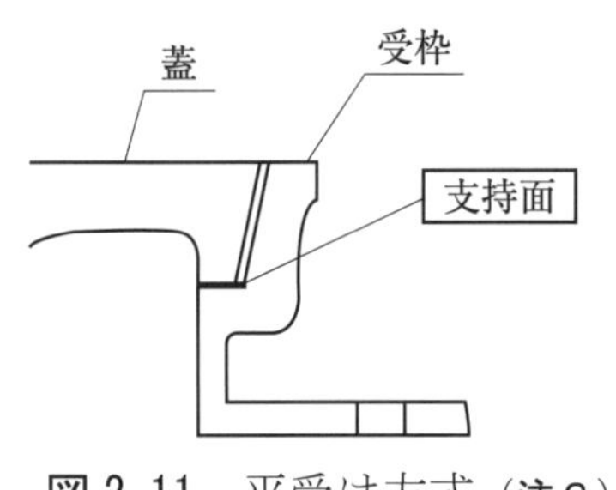

図 2.11　平受け方式（注３）

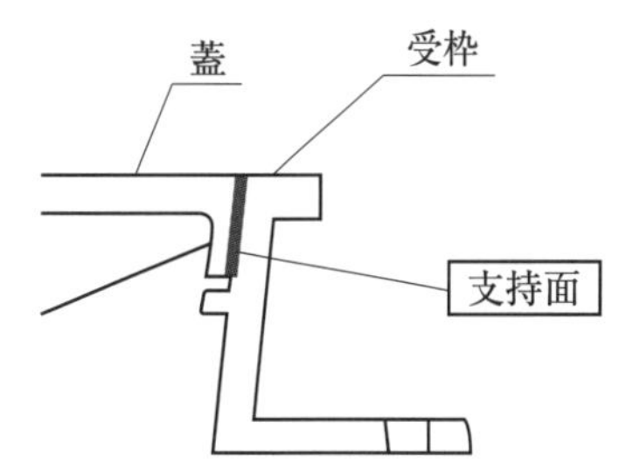

図 2.12　急勾配受け方式（注４）

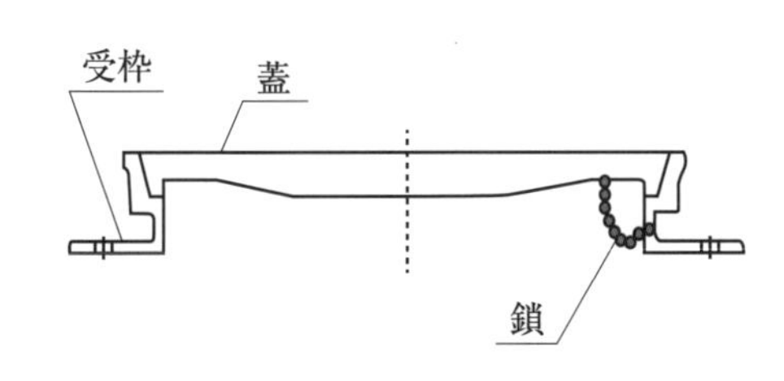

図 2.13　鎖による連結方式

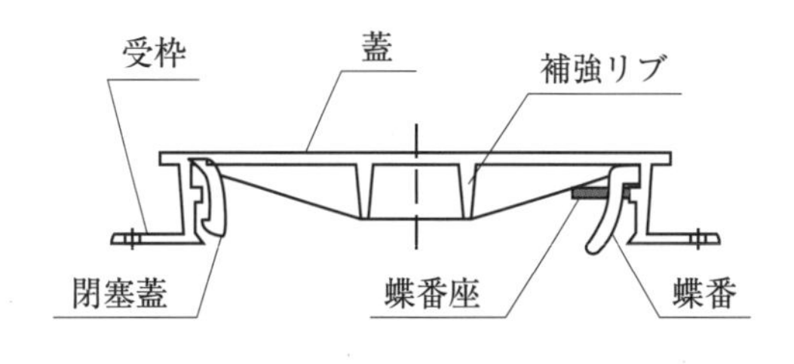

図 2.14　蝶番による連結方式、及び閉塞蓋（注５、６）

注３　平受け方式：　蓋下面と受枠上面を機械加工して、この面で蓋を支持する構造。

注４　急勾配受け方式：　蓋外周面と受枠内周面を急勾配に機械加工して、この面で蓋を支持する構造。

注５　蝶番：　蓋と受枠を連結し、蓋を開閉するときに回転、旋回の中心として機能する金具。

注６　閉塞蓋：　蓋に開いている開閉器具の差し込み用の穴からの雨水や土砂の流入を防ぐために、穴に取付ける部品。

蓋の開閉には、消火活動や道路交通等に支障を与えないように、迅速、適確な操作が要求されるため、その構造に合わせた専用の開閉器具が必要である。（**図 2.15** 参照）

また、蓋の受枠への過剰な喰い込みや、腐食及び固着等が原因で通常の開閉器具で蓋の開放が困難な場合などのために、専用の開閉ジャッキ等が準備されているものもある。（**図 2.16** 参照）

専用の開閉器具は、地震などの災害時、国・都道府県各機関などからの応援、民間協力機関、ボランティア団体などが活動をする際にも必要であり、十分な備蓄をすることが望ましい。

また、「**地震等緊急時対応の手引き**」（令和２年４月改訂）（公益社団法人 日本水道協会）内の第４章 1-3 にある「他水道事業体等との広域訓練」などを参考とし、相互応援に関する協定がある水道事業者は他事業者の開閉器具の使用方法を確認する必要がある。（「**3. 3. 1　蓋の開閉作業上の留意事項**」参照）

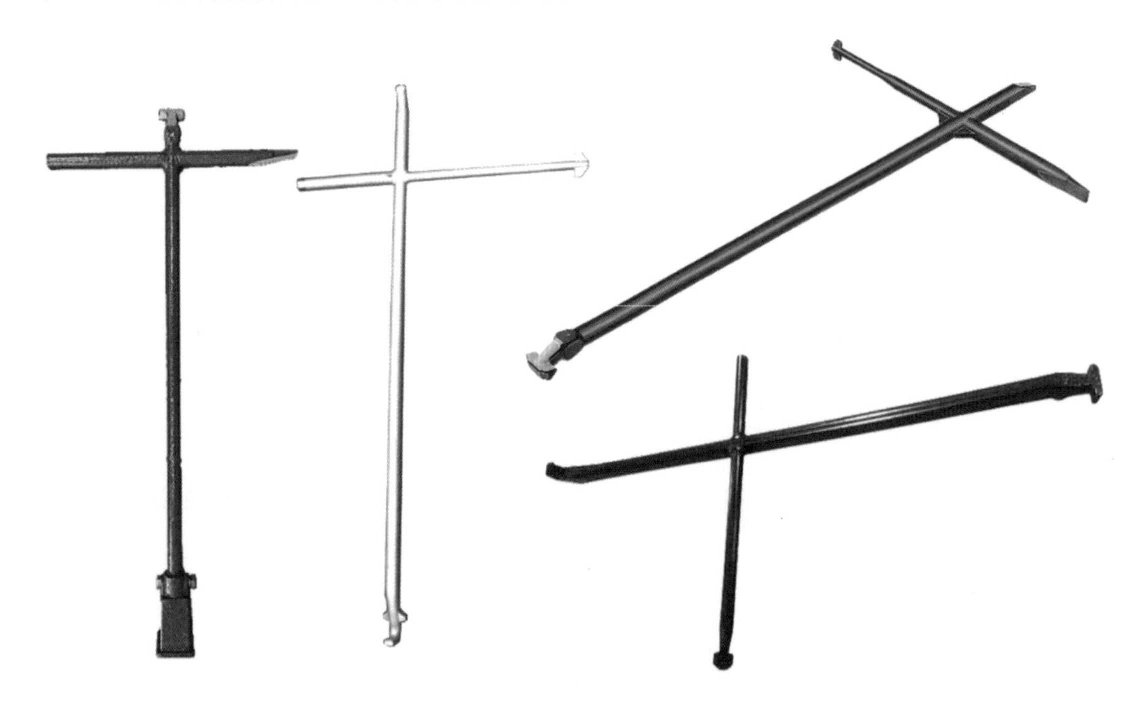

図 2.15　鉄蓋開閉器具の一例

図 2.16　鉄蓋開閉ジャッキの一例

2.3.4　鉄蓋の表面模様とスリップなどの防止

鉄蓋の表面模様には、都市のシンボルなどのマーク模様を鋳出しするケースが多い。そのような場合には、段差によるつまずきやスリップ等によって歩行者や通行車両へ影響を与えないよう十分に配慮する必要がある。

【解説】

鉄蓋の表面模様選定については、視認性、スリップ等の事故防止の観点から検討の必要がある。

視認性については、晴天時は元より、発災時、夜間、雨天、若干の降雪（着雪等の場合は除く）などの悪環境に対して、配慮する必要がある。

事故防止については、歩行者のつまずき、スリップによる転倒、四輪車・自動二輪・自転車等の通行時の振動等の原因にならないよう、蓋の表面模様への十分な配慮が必要である。本書「**参考３.舗装に関するすべり抵抗値の評価方法**」「**参考４.蓋表面模様のすべり抵抗測定試験結果**」などを参考に、設置環境、箇所などに配慮する。（**図2.17、2.18**参照）

また、表面模様には、従来、幾何学的模様が数多く採用されてきたが、近年では、そのような模様に加えて、住民との良好なコミュニケーションを維持するために、公募による都市のシンボルなどをデザイン化する事例も多い。このようなケースにおいても、蓋表面のスリップ防止への配慮が必要である。

車道部に設置された鉄蓋（カーブ／坂道／交差点など）

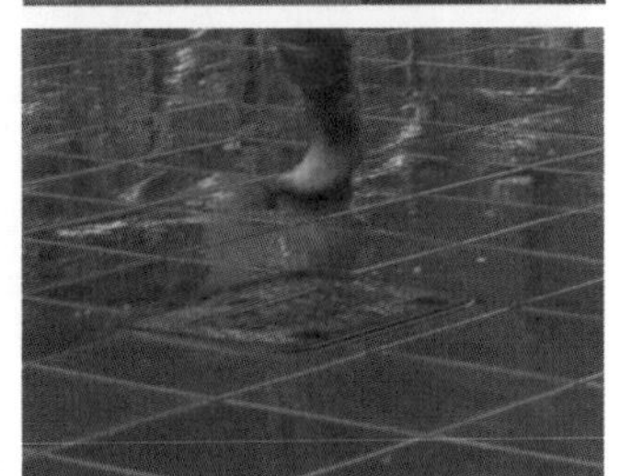

歩道部に設置された鉄蓋（雨天時）

図2.17　蓋の表面模様への配慮が特に必要な設置環境

図2.18　スリップ防止の対策例

2.3.5　鉄蓋表面への情報表示

鉄蓋の表面には、室内に収納されている機器類の名称、種類、口径、水流方向等の維持管理や災害対応等に必要な情報を表示することが望ましい。

【解説】

鉄蓋の表面には、文字、数字などにより、収納されている機器類、口径、繋がる配管の種類、配管の使用用途、流れ方向（**図 2.19** 参照）の他、一目で判別できるようなカラー樹脂による黄色（**図 2.20** 参照）、青色（**図 2.21** 参照）等の識別表示も可能である。鉄蓋の裏面についても、蓋の材質、製造年、製造業者名等の情報が鋳出できるように標準化されている。（**図 2.22** 参照）

また、災害時には水道事業者だけでなく、他事業者、民間協力機関などによる機器類の操作が見込まれるため、その際の操作機器類を特定するための一助となる。

（設置年、バルブ口径）

（流れ方向、バルブ口径）

図 2.19　蓋表面の情報表示例

図 2.20　消火栓鉄蓋カラー例

図 2.21　空気弁鉄蓋カラー例

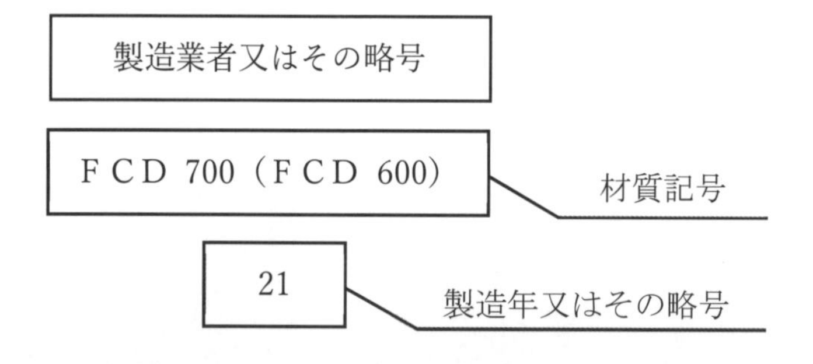

図 2.22　蓋裏面の情報表示例

2.3.6 鉄蓋の材質

鉄蓋の材質は、耐荷重性の観点から引張り強さが大きく、また耐衝撃性の観点から適度な伸びが必要であり、さらに耐摩耗性に優れた材質が必要であることから、通常、鉄蓋専用のダクタイル鋳鉄が使用されている。

【解説】

鉄蓋には、従来、鉄筋コンクリート製のものがあったが、その後、強度と耐久性（疲労強度、耐摩耗性、耐候性等）に優れたねずみ鋳鉄（**注７**）が主流となって使用されてきた。しかし、昭和30年代末から、より強靭なダクタイル鋳鉄（**注８**）が普及してきたことから、現在では、一般に、鉄蓋専用のダクタイル鋳鉄（**注９**）が使用されている。

鉄蓋専用のダクタイル鋳鉄については、耐荷重性（破損防止、変形防止）の観点から一般に蓋の材質として、引張り強さが大きく、適度な伸びの範囲が規定されたFCD700相当の材料が使用される。一方、受枠の材質としては、蓋に加わった荷重を支える為に蓋よりも大きな伸びが必要であり、一般にはFCD600相当の材料が使用される。（**表2.1**参照）

表2.1　材料の基準値

種類	記号	引張り強さ（N/mm ^{2}）	伸び（%）	硬さ（HBW）	黒鉛球状化率（%）
蓋	FCD700	700　以上	5～12	235　以上	80　以上
受枠、小口径の蓋	FCD600	600　以上	8～15	210　以上	80　以上

注７　ねずみ鋳鉄（普通鋳鉄）：鉄系鉱物の中で炭素成分が高いため、流動性がよく成型しやすい。反面、炭素が片状（ひだ状）黒鉛として存在する鋳鉄のため、ダクタイル鋳鉄に比べると引張り強さや伸びが小さく脆い性質である。なお、この鋳鉄は、破壊するとその断面がねずみ色（灰色）となるため、このような名称で呼ばれる。

注８　ダクタイル鋳鉄（球状黒鉛鋳鉄）：ねずみ鋳鉄の片状黒鉛を、特殊な処理を行って球状化させた鋳鉄である。黒鉛を球状にすることによって、強度の高い、粘りのある鋳鉄となる。機械的性質は、引張り強さが普通鋳鉄に比べ約２倍以上あり、伸びも大きく、普通鋳鉄よりは荷重や衝撃に対して強い材質である。

注９　鉄蓋専用ダクタイル鋳鉄：ダクタイル鋳鉄の中でも、特に強靭さや耐摩耗性に優れた鋳鉄（FCD700）であり、道路交通車両などの荷重が繰り返し負荷する鋳鉄のような製品の材料に適する。

鉄蓋の材質としては、耐荷重性の観点から引張り強さが大きくなければならない。一方、耐衝撃性の観点からは適度な伸びが必要となるが、引張り強さが大きくなると、伸びは小さく、硬さは大きくなる。伸びが小さいと衝撃荷重に弱く破損する危険性があり、逆に伸びが大きすぎると小さい荷重で蓋が変形しやすくなる。このことから、割れにくく変形しにくい適度な伸びの範囲を規定している。さらに硬さが大きくなるに従って耐摩耗性も向上するため、耐摩耗性の観点から硬さが規定されている。（**図2.25**参照）

ただし、寸法が小さく肉厚も薄い小口径の蓋や受枠は、寸法の大きな肉厚の厚いものに比べて鋳造時の冷却速度が極めて早い。そのため、受枠や小口径の蓋では、製造過程の急激な温度変化によって、材料である鉄蓋専用ダクタイル鋳鉄が、伸びが小さく、硬くて脆い材質に変化する傾向にある。そこで、このような小物の製品の材料には、FCD700 と比べて伸びの大きい FCD600 を使用している。

なお、小口径の蓋とは、「**ＪＷＷＡ　Ｂ 132 水道用円形鉄蓋**」の１号、２号や、「**ＪＷＷＡ　Ｂ 110 水道用ねじ式弁筐**」用の蓋である。

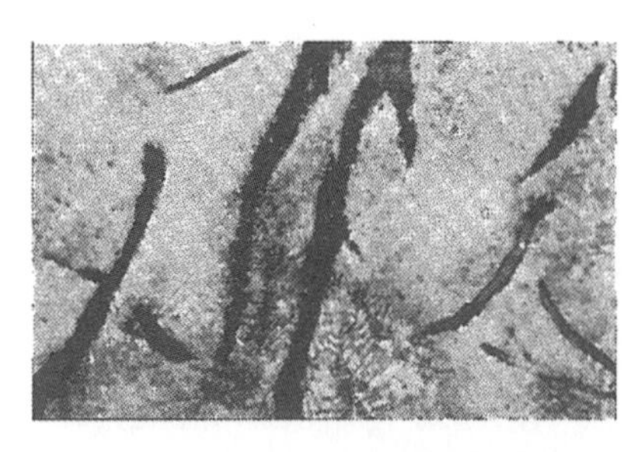

図 2.23　ねずみ鋳鉄顕微鏡画像

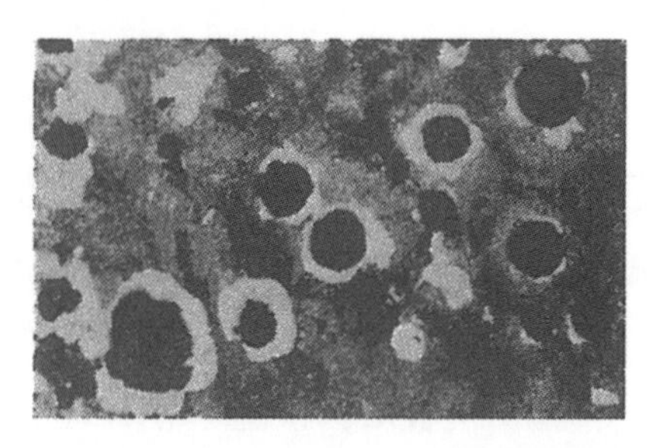

図 2.24　鉄蓋専用ダクタイル鋳鉄顕微鏡画像

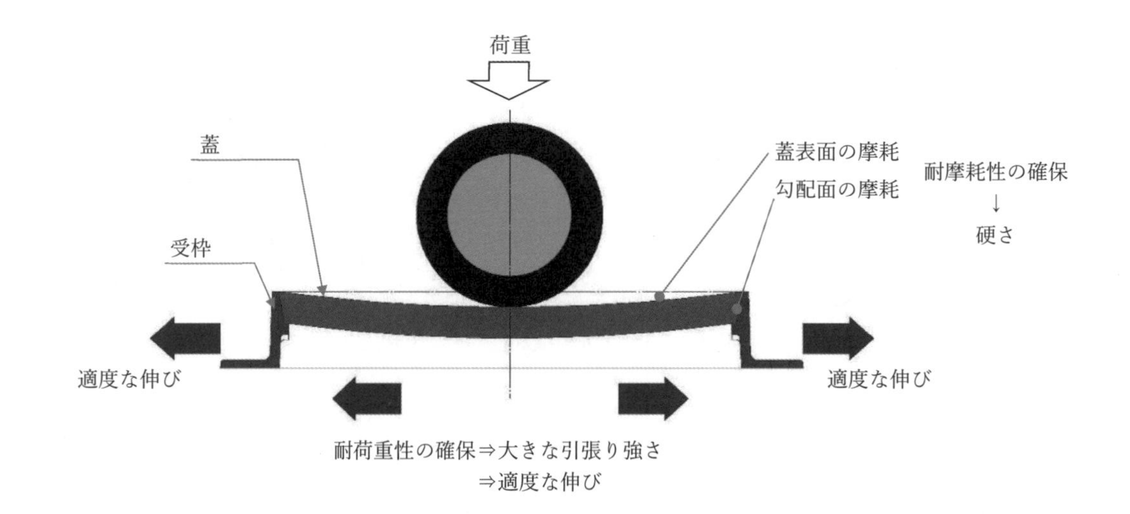

図 2.25　鉄蓋の材料選定の考え方

2.3.7　水道用鉄蓋類の設計荷重

鉄蓋は、通常、機器類を保護、収納する室の上部の路面などに設置されるので、歩行者や道路交通車両等の安全性が確保される所定の強度を有している必要がある。

そこで、鉄蓋類の設計に当たっては、道路橋示方書に基づく設計自動車荷重T-25仕様の荷重条件が適用されている。

【解説】

鉄蓋の設計条件は、道路橋示方書に基づく設計自動車荷重T-25仕様の後輪荷重100kN（活荷重）に、衝撃係数1.4と安全率1.5を乗じた荷重210kNに対して、たわみ（L/600：Lは支間距離）と残留たわみ（0.1㎜以下）を規定している。また、最終破壊荷重は、活荷重に衝撃係数1.4を乗じた140kNに安全率５を乗じて700kNとしている。なお、T-25仕様の後輪の接地寸法20㎝×50㎝よりも小さい、小口径などの鉄蓋類の設計荷重は、その面積比率で荷重を低減している。（「**ＪＷＷＡ　Ｂ 110 水道用ねじ式弁筐、ＪＷＷＡ　Ｂ 132 水道用円形鉄蓋、ＪＷＷＡ　Ｂ 133 水道用角形鉄蓋**」参照）

レジンコンクリート製ボックスの設計条件は、鉄蓋と同様の活荷重100kN（10tf）に安全率1.5を乗じた荷重150kNとしている。円形１号、２号ボックスの場合は、設計条件としての後輪サイズより小さいため、面積に比率を乗じた値としている。（**ＪＷＷＡ Ｋ 148 水道用レジンコンクリート製ボックス**を参照）

旧道路橋示方書には、設計自動車荷重として、一等橋（T-20）、二等橋（T-14）が規定されていた。そのため、既設の鉄蓋類には、これらの仕様によるものや、歩道専用としてT-8仕様のものがある。

2.4　水道用鉄蓋類の種類及び適用例

2.4.1　円形鉄蓋の種類と適用例

円形鉄蓋は、「**ＪＷＷＡ Ｂ 132　水道用円形鉄蓋**」に規定する受枠の内径寸法別に１号から６号まで６種類があり、**表 2.2** に示す各種のバルブに適用される。

【解説】

円形鉄蓋の種類と適用例は、以下の通りである。

表 2.2　円形鉄蓋の種類と適用例

種　類		適用（参考）
円形	1 号（250）	呼び径 300 以下の仕切弁用
	2 号（350）	呼び径 350～500 の仕切弁用
	3 号（500）	呼び径 350～500 の仕切弁用 地下式消火栓（単口）用 呼び径 25 の空気弁（急速）用 空気弁（単口）用 呼び径 350 以下のバタフライ弁（立形）用
	4 号（600）	呼び径 600～800 の仕切弁用 地下式消火栓（双口）用 呼び径 75～150 の空気弁（急速）用 呼び径 75 の空気弁（双口）用 呼び径 400～700 のバタフライ弁（立形）用
	5 号（700）	呼び径 900～1200 の仕切弁用 呼び径 200 の空気弁（急速）用 呼び径 100 の空気弁（双口）用 呼び径 800～900 のバタフライ弁（立形）用
	6 号（900）	呼び径 1350～1500 の仕切弁用 呼び径 200 の空気弁（急速）用 呼び径 150 の空気弁（双口）用 呼び径 1000～1100 のバタフライ弁（立形）用

備考　種類の（　　）内は、受枠内径寸法を示す。

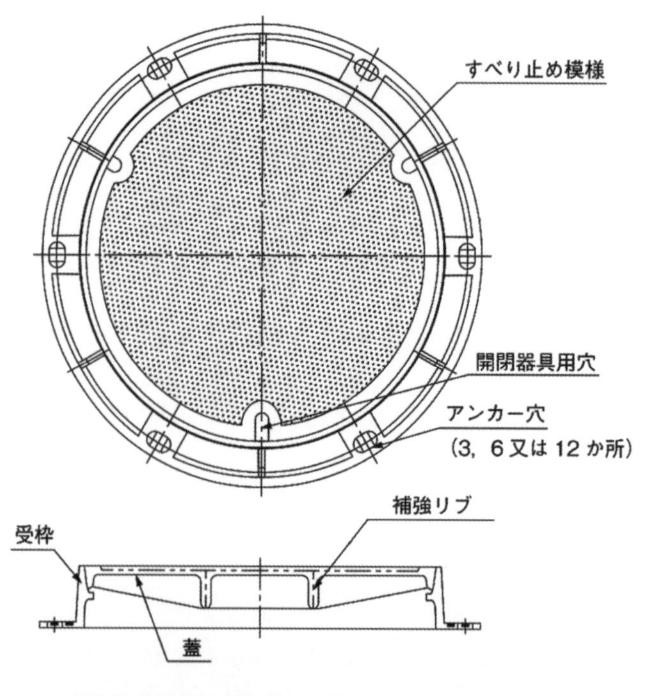

図 2.26 円形鉄蓋の形状

2.4.2　角形鉄蓋の種類と適用例

角形鉄蓋は、「ＪＷＷＡ　Ｂ 133　水道用角形鉄蓋」に規定する受枠の内径寸法別に１号から３号まで３種類があり、**表 2.3** に示す各種のバルブに適用される。

【解説】

角形鉄蓋の種類と適用例は、以下の通りである。

表 2.3　角形鉄蓋の種類

種　　類		適用（参考）
角形	1 号（500×400）	呼び径 350～500 の仕切弁用 地下式消火栓（単口）用 呼び径 25 の空気弁（急速）用 空気弁（単口）用 呼び径 350 以下のバタフライ弁（立形）用
	2 号（600×500）	呼び径 600～800 の仕切弁用 地下式消火栓（双口）用 呼び径 75～150 の空気弁（急速）用 呼び径 75 の空気弁（双口）用 呼び径 400～500 のバタフライ弁（立形）用
	3 号（700×500）	呼び径 900～1200 の仕切弁用 呼び径 200 の空気弁（急速）用 呼び径 100～150 の空気弁（双口）用 呼び径 400～500 のバタフライ弁（立形）用

備考　種類の（　　）内は、受枠内法寸法を示す。

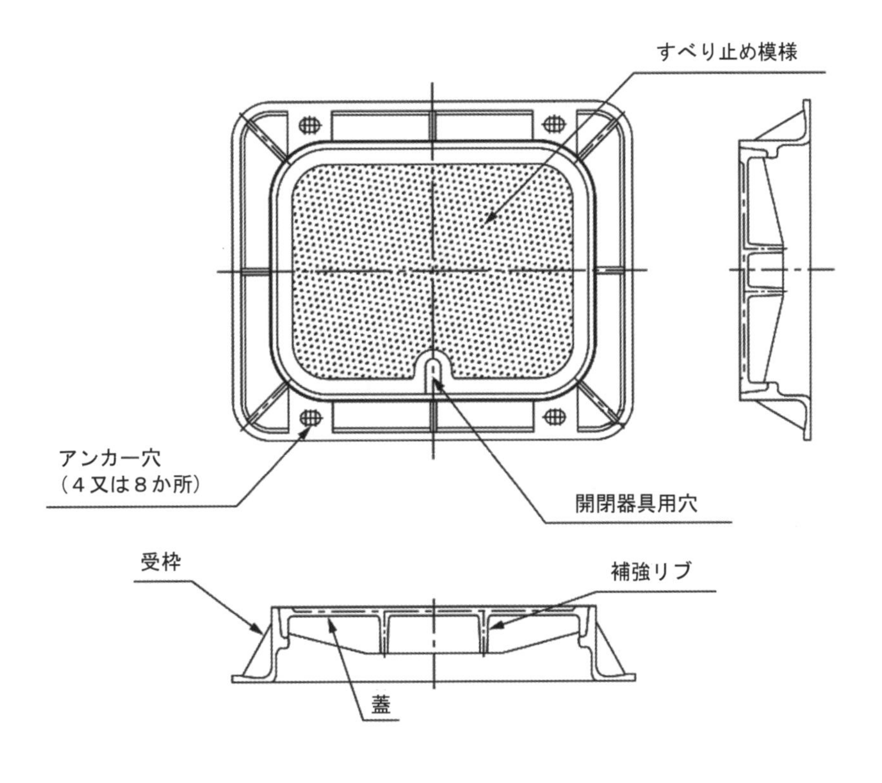

図 2.27 角形鉄蓋の形状

2.4.3 ねじ式弁筐の種類と適用例

ねじ式弁筐は、「**ＪＷＷＡ Ｂ 110 水道用ねじ式弁筐**」に規格する形状別にＡ形、Ｂ形及びＣ形の３種類がある。Ａ形及びＢ形には筐の高さごとに１号～４号の４種類、Ｃ形には１号、２号の２種類がある。これらは、**表 2.4** に示すバルブ口径、土被りに適用される。

【解説】

ねじ式弁筐は、蓋及び上部枠と下部枠で構成されており、形状による種別では、Ａ形、Ｂ形、Ｃ形の３種類がある。Ａ形は、上部枠が内側にセットされる構造であり、内ねじ式と呼ばれる。Ｂ形は、上部枠が外側にセットされる構造で、外ねじ式と呼ばれる。Ｃ形は、Ａ形と同様に内ねじ式であるが、枠の部分の全長が短く、埋設深度の浅い（浅層埋設）バルブ類に適用する場合やレジンコンクリート製ボックスと組合わせて適用する構造となっている。

表 2.4 ねじ式弁筐の種類と形状、及び適用

種類		寸法箇所		適用※2		ストローク※1、2 (mm)
		A※1、2 (mm)	B (mm)	バルブ口径 (mm)	土被り (m)	
A形 B形	1号	700	320	50～200	0.9 以上	200
	2号	600	440	250～400	0.8 以上	
	3号	500	320	50～200	0.7 以上	100
	4号	400	440	250～300	0.6 以上	
C形	1号	255	250	50～100	0.5 以上	100
	2号	285	350	150～300	0.5 以上	

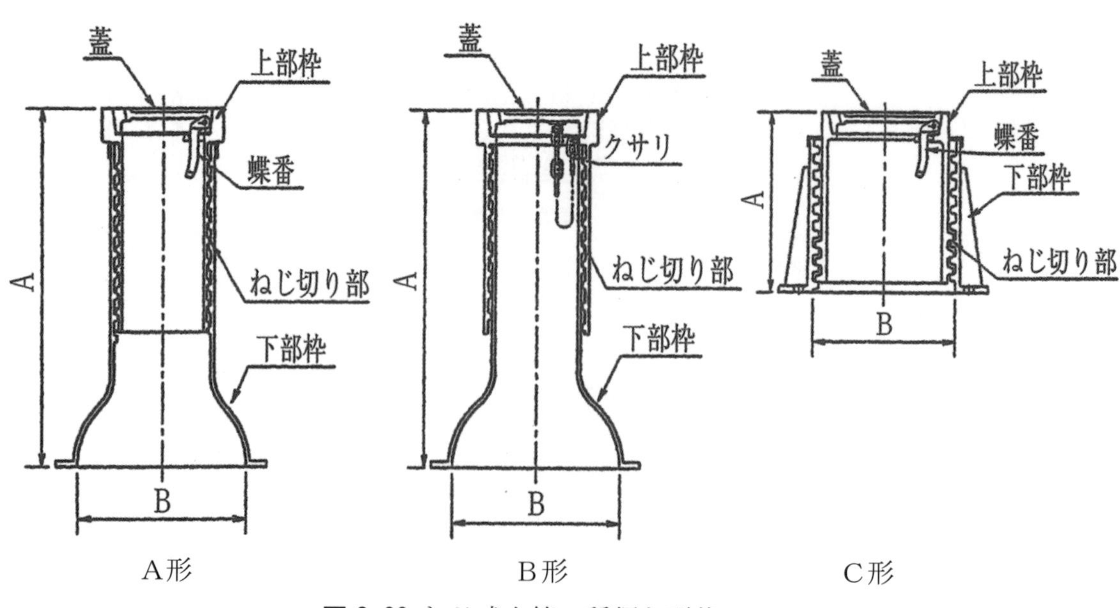

図 2.28 ねじ式弁筐の種類と形状

※１．図中のＡ寸法は嵩下げした際の最低高さである。また、ストロークは嵩上げ、嵩下げの調整長さである。

※２．種類ごとにバルブ口径及び土被りが設定される。土被り 0.9mにおけるＡ形１号の設置例を**図 2.29** に示す。

なお、Ａ寸法、ストローク及び適用の範囲は、製造業者により異なるため、使用の際は、製造業者に確認のこと。

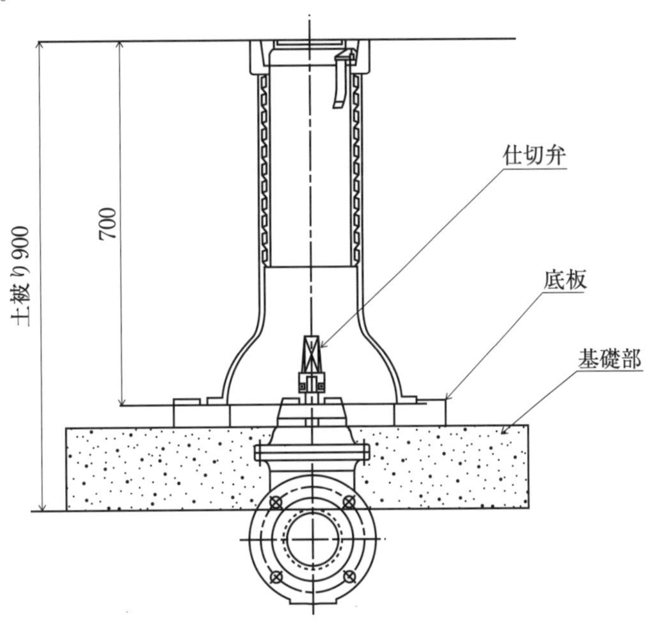

図 2.29 ねじ式弁筐の設置例

2.4.4 その他鉄蓋類の種類と適用例

鉄蓋類には、ＪＷＷＡ規格に対応した円形鉄蓋、角形鉄蓋、ねじ式弁筐以外にも様々な種類があり、保護する機器類の種類や用途、設置される環境に応じて適切な鉄蓋類を選定し、使用される。

【解説】

鉄蓋類の設置及び取替えを行う場合は、用途や設置環境に適した種類を選定することが、安全性や維持管理性の向上及び耐久性の確保の観点からも重要である。

鉄蓋類には、用途に応じて様々な種類の鉄蓋類が使用されており、以下に例を示す。

（１）大型特殊鉄蓋、親子蓋

主に減圧弁や電動弁、流量計、緊急遮断弁など、メンテナンスが必要な機器類については、大型のバルブ室が設けられ、鉄蓋についても角形の大型特殊鉄蓋や、丸型の親子蓋などが使用される。（図 2.30、図 2.31 参照）サイズが大きく、重量が大きい鉄蓋が多いことから、施工する際は重機が必要となり、蓋を開閉する際も注意が必要となる。

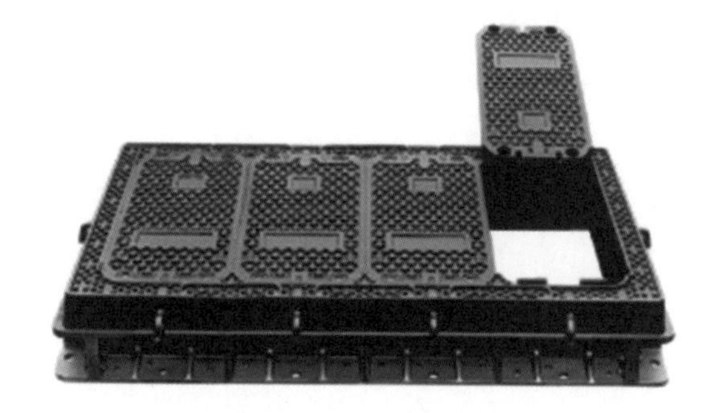

図 2.30　角形大型特殊鉄蓋

図 2.31　丸型親子蓋

（２）防水鉄蓋

大型特殊鉄蓋や親子蓋と同様に、減圧弁や電動弁、流量計、緊急遮断弁など、バルブ室内に配電を伴う機器類が設置される際はバルブ室内の水密性が求められ、鉄蓋についても防水鉄蓋が使用される場合がある。（図 2.32 参照）防水鉄蓋は、丸型で蓋と受枠のかん合部にゴムパッキン等を取り付ける構造のものや、大型鉄蓋に防水中蓋を設けた構造のものなどがある。防水性が要求される場合は、バルブ室全体や、鉄蓋の調整部にも同様の配慮が必要となる。

図 2.32　防水鉄蓋

（3）省力開放型鉄蓋

現在では、蓋と受枠が密着してがたつきを抑える急勾配受け方式の鉄蓋が多く採用されているが、繰り返しの車両通行により蓋が受枠に喰い込んで、専用の開閉器具を使用しても開放し難い場合がある。このような状況への対策として、蓋と受枠の接触面に特殊な加工を施し蓋の開放に必要な力を少なくする、省力開放型の鉄蓋が使用される場合がある。

（4）化粧用鉄蓋（インターロッキングブロック用鉄蓋）

市街地の歩道部など、舗装がタイル、石材、インターロッキングブロックなどで施工されている箇所においては、景観に配慮して化粧用鉄蓋が使用される場合がある。

化粧用鉄蓋は、蓋表面にインターロッキングや天然石等をはめ込むことが可能な構造となっているため、周囲の舗装などに配慮した施工が可能であるが、蓋が重くなり開閉作業の負担が大きいことや、開閉時に設置した舗装材が剥がれないようにすることなどの配慮が必要である。（図 2. 33 参照）

図 2. 33　化粧用鉄蓋（インターロッキングブロック用鉄蓋）

（5）除雪車対応型鉄蓋

積雪地域で除雪車により除雪作業が行われる道路に設置された鉄蓋は、周辺舗装の摩耗や沈下などが原因で路面より鉄蓋が突出している場合、除雪車のブレードと接触し、蓋の飛散や受枠が破損するおそれがある。このような箇所においては、鉄蓋を路面より１～1.5cm程度下げて設置する場合や、受枠の破損や衝撃を緩和する目的で、受枠上面の外周に傾斜を持たせた除雪車対応型の鉄蓋が使用される場合がある。

（6）防食鉄蓋

沿岸部や漁港などの水産加工場付近のように海水などで腐食しやすい環境、積雪地域で融雪剤に晒されやすい環境などに設置された鉄蓋は、腐食により蓋と受枠が固着して開閉作業が困難になる、腐食の進行により蓋表面の摩耗が早まるなど、維持管理に支障をきたすおそれがある。このような箇所においては、蓋の内・外面に防食処理を施した鉄蓋が使用される場合がある。

（7）水道スマート化対応鉄蓋

水道施設の老朽化が進み、また事業統合等により管理対象施設も拡大して維持管理が複雑化する中、より効率的な維持管理が求められており、これらの効率化の一助となる鉄蓋の普及も進みつつある。鉄蓋類に IC タグなどの記憶媒体を搭載し、収納されている機器類の情報を、無線通信を通じて効率的に管理が可能な IC タグ内蔵鉄蓋や、流量計や水圧センサーにより計測した管路の流況情報を、無線通信装置やバッテリーを内蔵した鉄蓋を通じて常時監視が可能となる通信対応鉄蓋などがある。（**図 2.34** 参照）

図 2.34　水道スマート化対応鉄蓋

2.4.5　レジンコンクリート製ボックスの種類と適用例

レジンコンクリート製ボックスは、鉄蓋類と組み合わせて使用され、その種類は鉄蓋の形状やサイズごとに必要な部材が用意されている。（「**ＪＷＷＡ　Ｋ　148 水道用レジンコンクリート製ボックス**」を参照）

【解説】

レジンコンクリート製ボックスは、鉄蓋の種類ごとに各種部材がそろえられており（**表 2.5** 参照）、収納される機器類は、鉄蓋類の適用に準ずる。（**表 2.2**、**表 2.3**、**表 2.4** 参照）

ねじ式弁筺の底版についてもレジンコンクリート製のものが増えている。ねじ式弁筺のＣ形にレジンコンクリート製ボックスを連結し、嵩上げに寄与する鉄蓋もある。

また、大型のレジンコンクリート製ボックスも存在し、大型の機器類を保護、収納する際に使用される。（**図 2.36** 参照）

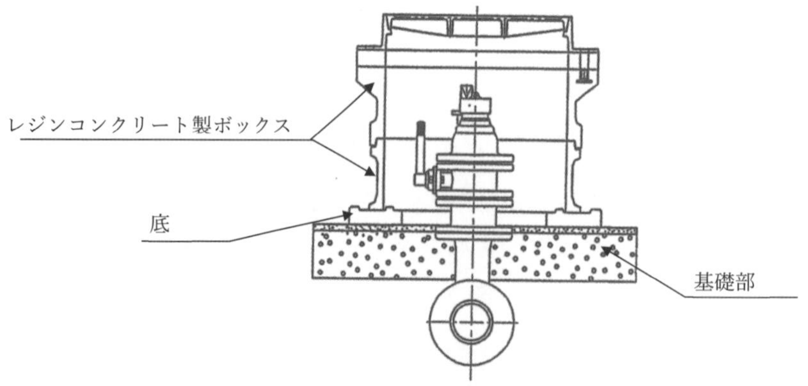

図 2.35　レジンコンクリート製ボックスの使用例

表 2.5　レジンコンクリート製ボックスの種類とその高さ

単位　mm

種類			部材記号	高さ
円形用 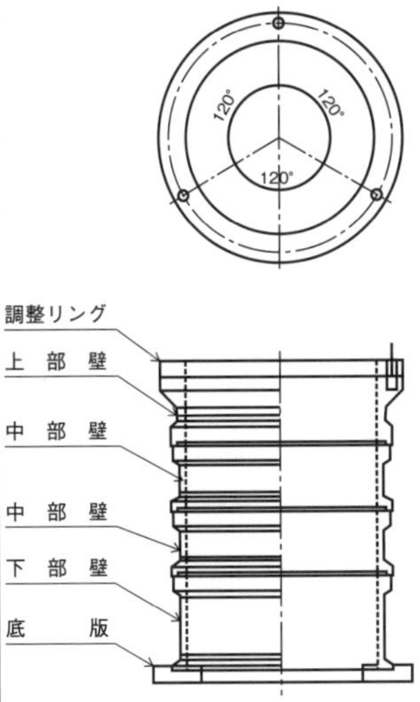	1号 (250)	調整リング	RB25(K)	50, 100
		上部壁	RB25(A)	150
		中部壁	RB25(B)	100, 200, 300
		下部壁	RB25(C)	300
			RB25(CA)	150, 300
		底　版	RB25(P)	40
	2号 (350)	調整リング	RB35(K)	50, 100
		上部壁	RB35(A)	150
		中部壁	RB35(B)	100, 200, 300
		下部壁	RB35(C)	300
			RB35(CA)	150, 300
		底　版	RB35(P)	40
	3号 (500)	調整リング	RB50(K)	50
		上部壁	RB50(A)	200
		中部壁	RB50(B)	100, 200, 300
		下部壁	RB50(C)	200, 300, 500
		底　版	RB50(P)	40
	4号 (600)	調整リング	RB60(K)	50
		上部壁	RB60(A)	200
		中部壁	RB60(B)	100, 200, 300
		下部壁	RB60(C)	200, 300, 500
		底　版	RB60(P)	40
	5号 (700)	調整リング	RB70(K)	50
		上部壁	RB70(A)	200
		中部壁	RB70(B)	100, 200, 300
		下部壁	RB70(C)	300, 500
		底　版	RB70(P)	40
	6号 (900)	調整リング	RB90(K)	50
		上部壁	RB90(A)	300
		中部壁	RB90(B)	300, 400, 500
		下部壁	RB90(C)	300, 500
		底　版	RB90(P)	40

種　　類			部 材 記 号	高　　さ
角形用	1 号(500×400)	調整リング	RB5040S(K)	50
		上部壁	RB5040S(A)	200
		中部壁	RB5040S(B)	100, 200, 300
		下部壁	RB5040S(C)	200, 400
		底　版	RB5040S(P)	40
	2 号(600×500)	調整リング	RB6050S(K)	50
		上部壁	RB6050S(A)	200
		中部壁	RB6050S(B)	100, 200, 300
		下部壁	RB6050S(C)	200, 400
		底　版	RB6050S(P)	40
	3 号(700×500)	調整リング	RB7050S(K)	50
		上部壁	RB7050S(A)	200
		中部壁	RB7050S(B)	100, 200, 300
		下部壁	RB7050S(C)	400
		底　版	RB7050S(P)	40

図 2.36　大型レジンコンクリート製ボックスの例

2.4.6 鉄蓋とボックスとの組み合わせの注意事項

鉄蓋とボックスとの組み合わせは、バルブの口径や埋設深度等に応じて、それらの条件に最も適した種類を選定する。

【解説】

鉄蓋とボックスの組み合わせは、バルブ操作などの維持管理面を考慮するとともに、機器類の口径や埋設深度に応じて、それらの条件に最も適した種類を選定する。また、機器類の上端部のスピンドルなどと鉄蓋が干渉しない組み合わせとすることが必要である。(注10)

平成 11 年に建設省（現　国土交通省）からの通達（「**電線、水管、ガス管又は下水道管を道路下に設ける場合における埋設の深さ等について**」（平成 11 年 3 月 31 日付建設省道政発第 32 号、道国発第 5 号））により、「水管の管頂と路面との距離は、当該水管を設ける道路の舗装の厚さに 0.3m を加えた値（当該値が 0.6m に満たない場合には、0.6m）以下にしないこと。なお、水管の本線以外の線を歩道の地下に設ける場合は、その頂部と路面との距離は 0.5m以下としないこと。」との浅層埋設に関する運用規定が出されている。

そのため、平成 12 年に、この浅層埋設への対応として、日本水道協会の機器類、鉄蓋類の規格が改正された。

このような浅層埋設への対応として、管頂と底版との距離が接近し、基礎部分の高さが十分に取れない場合には、底版が二つに割れる分割底版方式を採用することが可能である。(図 2.37 参照)

なお、組み合わせの方法は、各水道事業者が独自に作成する仕様の基に選定される。その仕様の参考事例として、水道用鉄蓋工業会から「ボックスの組み合わせマニュアル」が発行されている。

注 10　円形鉄蓋では、受枠の内径より蓋の外径の方が大きいので、蓋が受枠を抜けて室内に落下することがない。しかしながら、取り外した蓋が受枠上で回転して直立した状態になることがある。このような状態になると、蓋の下端部が機器類の上端部に衝突して、スピンドルなどを破損させるおそれがある。そのため、円形鉄蓋の場合には、機器類の上端部と蓋の回転範囲が重ならないように、両者の位置関係に十分に配慮して据付ける必要がある。

蓋が回転して直立状態になっても、機器類の上端部に衝突しない距離（機器先端と路面との離隔距離）は、蓋の種類や型式によって異なるが、概ね、日本水道協会規格の円形１、２号で 150 ㎜以上、同３～５号で 300 ㎜以上、同６号で 400 ㎜以上が必要である。

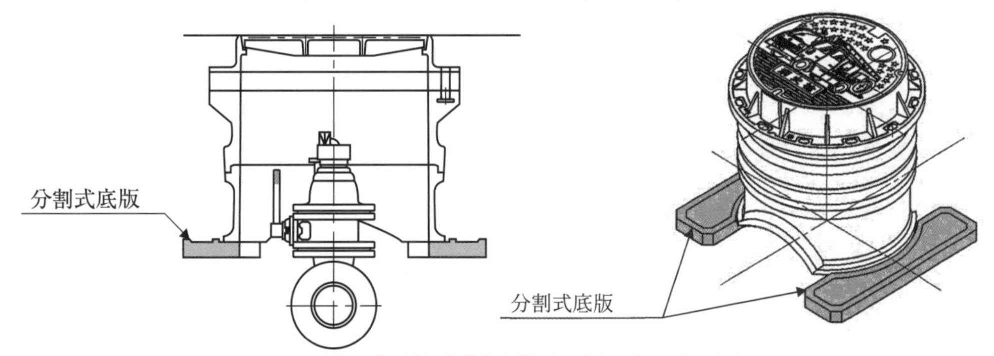

図 2.37 分割底版方式による組立例

2.4.7　水道用鉄蓋類の変遷表

鉄蓋類の性能・機能は、車両重量制限の緩和や車両保有台数の増加、大型車交通量の増大などの道路環境の変化や、地震・台風・集中豪雨の増大といった自然環境の変化に応じて大きく進化しており、設置される年代に応じて、様々な鉄蓋類が使用されてきている。

各水道事業者が使用する鉄蓋類は、それぞれ異なっており、設置されている鉄蓋類の変遷表を整理しておくことで、効率的に維持管理を行っていくことが可能となる。

【解説】

変遷表とは、各事業者で管理している鉄蓋類を、推定製造年代、材質、支持構造、具備する性能等で分類し、一覧表に整理したものである。（**表 2.6** 参照）

変遷表を活用することによって、巡視を行う際に、蓋表面から得られる情報と照らし合わせて、設置されている鉄蓋類の特徴を確認できるため、効率的に状況把握ができる。また、年代の古い鉄蓋類の取替えを優先するなど、更新計画を立案する際にも活用可能となる。

表 2.6　水道用鉄蓋類の変遷表の作成例（消火栓鉄蓋の例）

		タイプ１	タイプ２	タイプ３	タイプ４
蓋表面					
形状		角形	角形	角形	丸形
特徴	開閉方法	垂直転回	垂直転回	垂直転回	水平旋回、垂直転回
	カラー標示	なし	なし	樹脂充填	樹脂充填
推定製造年		1960 年頃	1970 年頃	1980 年頃	1990 年頃
材質	蓋	FC	FCD	FCD	FCD
	受枠	FC	FCD	FCD	FCD
支持構造		平受支持構造	緩勾配支持構造	急勾配支持構造	急勾配支持構造
	下桝との緊結状況	ボルト緊結なし	ボルト緊結なし	ボルト緊結なし	ボルト緊結あり
性能・機能評価項目	破損防止	×（推定荷重仕様 T20）	×（推定荷重仕様 T20）	×（推定荷重仕様 T20）	○
	スリップ防止	△	△	△	△
	がたつき防止	×	×	△	○
	開閉操作性	△	△	△	△
	視認性	△	△	○	○

第３章　水道用鉄蓋類の維持管理

本章では、水道施設の管理運営に求められるアセットマネジメントの考え方を踏まえ、施設情報の収集・整理（台帳の整備）、リスク評価、維持管理計画の策定から実施、更新計画の策定から実施といった維持管理サイクルの例を示し、特に維持管理の実施に関しては、台帳の整備に必要な施設情報の収集・整理の事例をはじめ、巡視や点検・調査に関する項目や判定基準、点検・調査結果に基づく維持・修繕の事例について記述する。

道路上などに設置された鉄蓋類が損傷・劣化すると、バルブ類の操作に支障となるばかりでなく、交通車両や歩行者の安全を脅かすおそれがある。そのため、鉄蓋類は、計画的、定期的に点検を実施して、その結果を基に、常に良好な状態を維持する必要がある。

本章では、これらの参考となる鉄蓋類関連の事故事例、災害発生時の不具合事例についても記載する。

なお、本章に記述した判定基準は、鉄蓋類に共通する一般的な内容を示している。これを参考として、各水道事業者における鉄蓋類の仕様に基づく独自の判定基準を作成することが望ましい。

3.1 維持管理の基本事項

3.1.1 水道用鉄蓋類の維持管理の基本的考え方

水道用鉄蓋類の維持管理については、アセットマネジメントの考え方を踏まえて施設の維持・修繕を行うとともに、中長期の見通しに立脚した更新計画を策定し、更新事業の実施につなげていく必要がある。

【解説】

水道法においては、点検を含む維持・修繕の義務付けがなされ、水道施設のライフサイクル全体にわたって効率的かつ効果的に水道施設を管理運営するアセットマネジメントの実践が求められている。

水道用鉄蓋類の維持管理についても、他の水道施設と同様、アセットマネジメントの考え方を踏まえた適切な対応が必要となる。

維持管理サイクルの例を**図 3.1** に示す。

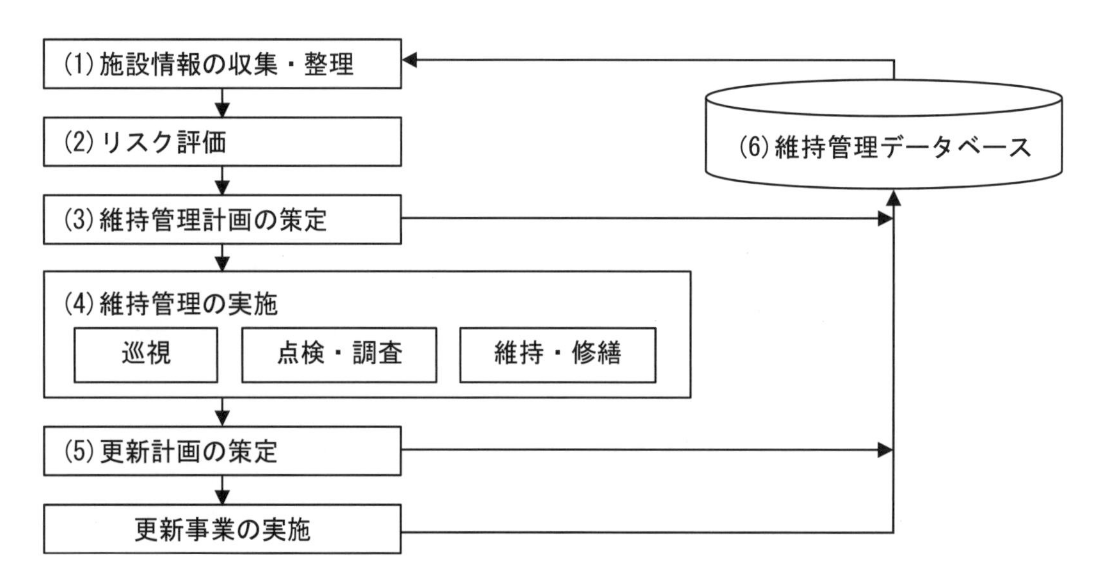

図 3.1　維持管理サイクルの例

（1）施設情報の収集・整理（台帳の整備）

施設の維持管理計画及び更新計画の策定に当たっては、必要となる対象施設の基礎データ等の各種情報の収集・整理、データベース化を行うことが必要となる。

また、水道法においても、施設管理に必要となる水道施設の位置、構造、設置年度等の基礎的事項を記載した水道施設台帳の作成と保管が義務付けられており、水道用鉄蓋類においても台帳の整備が重要となる。

鉄蓋類を点検した結果、損傷、劣化等の発生によって、道路交通などへ与える影響が大きく、危険と判断された場合には、早急に取替えなどの措置を講じる必要がある。鉄蓋類の台帳整備としては、鉄蓋類の種類、据付け状況、周辺の地理的な条件等、作業上に必要な情報の収集・整理を行うことが望ましく、それらの情報を活用して、迅速かつ効率的に取替えなどの措置を講じる。（必要な情報については、「**3.1.2 施設情報の収集・整理の事例**」参照）

なお、台帳には、現地状況が変化しても、常に鉄蓋類の位置などが素早く特定できるように、最新の道路状況などの情報を基に正確なオフセット図を作成しておく。

（２）リスク評価

膨大な数の鉄蓋類について計画的かつ効率的に維持管理を行うためには、全ての鉄蓋類に対して一律に行うことが必ずしも効率的とは限らない。鉄蓋類が設置されている道路環境、管路の重要度や老朽度等をはじめ、性能劣化傾向等に応じたリスクについて検討し、優先度を定めた上で対応していく必要がある。

優先度の検討については、「**下水道用マンホールふたの計画的な維持管理と改築に関する技術マニュアル**」（2012 年 3 月、（財）下水道新技術推進機構）に記載されており、リスクマネジメントの観点を基に、鉄蓋類の不具合によって想定されるリスクを特定したうえで、その不具合の発生確率と被害規模の組み合わせにより評価している。

また、鉄蓋類に限らず設置環境と併せて施設全体で検討を行い、総合的に勘案して優先順位並びにリスク対策を定めることも有効である。

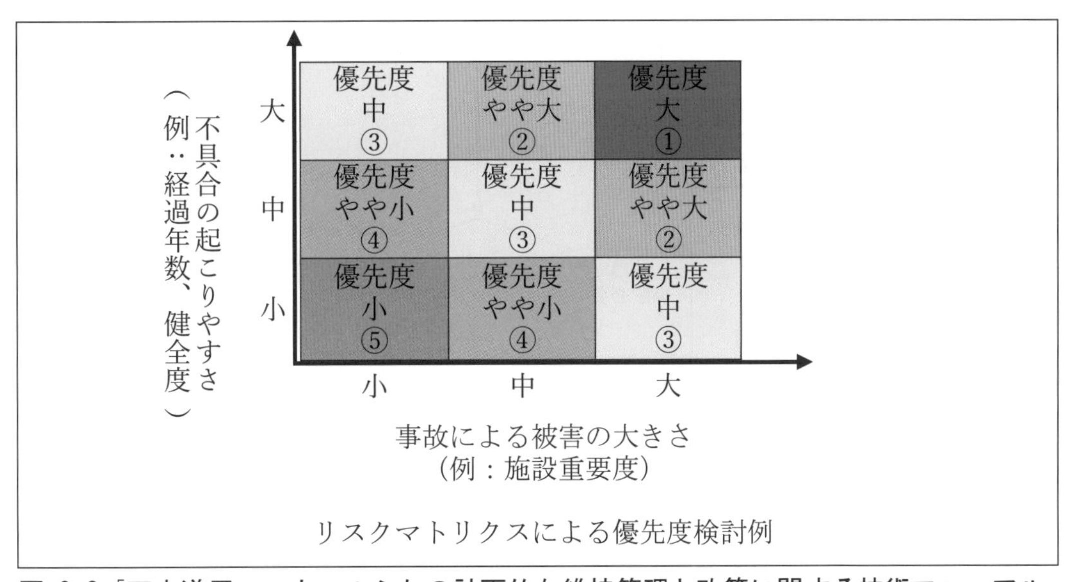

リスクマトリクスによる優先度検討例

図 3.2「下水道用マンホールふたの計画的な維持管理と改築に関する技術マニュアル」
（2012 年 3 月、（財）下水道新技術推進機構）による優先度検討例（抜粋）

（３）維持管理計画の策定

鉄蓋類の維持管理は、事故等の未然防止とバルブ類等の機能維持を図ることを目的に、定期的に鉄蓋の巡視、点検・調査、清掃、鉄蓋周りの舗装状況の点検・調査、バルブ室や弁筐内部の点検・調査、清掃等を行うものである。

膨大な数の鉄蓋類の維持管理を効率的に行うため、優先順位ごとの巡視や点検・調査の頻度、具体的な点検方法などを定めておくことが重要である。

また、効率的に巡視や点検・調査を実施するに当たっては、管路の巡視やバルブ類の点検、漏水調査など、その他の維持管理業務と関連付けて実施することも有効であり、他の維持管理業務と関連付けた計画にしておくことが望ましい。なお、重要度の高いものは、これによらないこととする。

消防水利に関わる消火栓の維持管理については、消防部局と円滑な連携が図れるよう調整を行う。

（4）維持管理の実施

鉄蓋類の維持管理の実施内容としては、日常の「巡視」や、更新の優先順位判定のための「点検・調査」、また、これらの確認結果として緊急的に行う措置などが必要である。なお、ここでの措置は、巡視や点検・調査の結果、安全上、緊急度の高いものを対象に鉄蓋類の取替えや一時的な対応を行うものである。

図 3.1 の維持管理サイクルのうち、維持管理の実施フローを**図 3.3** に示す。

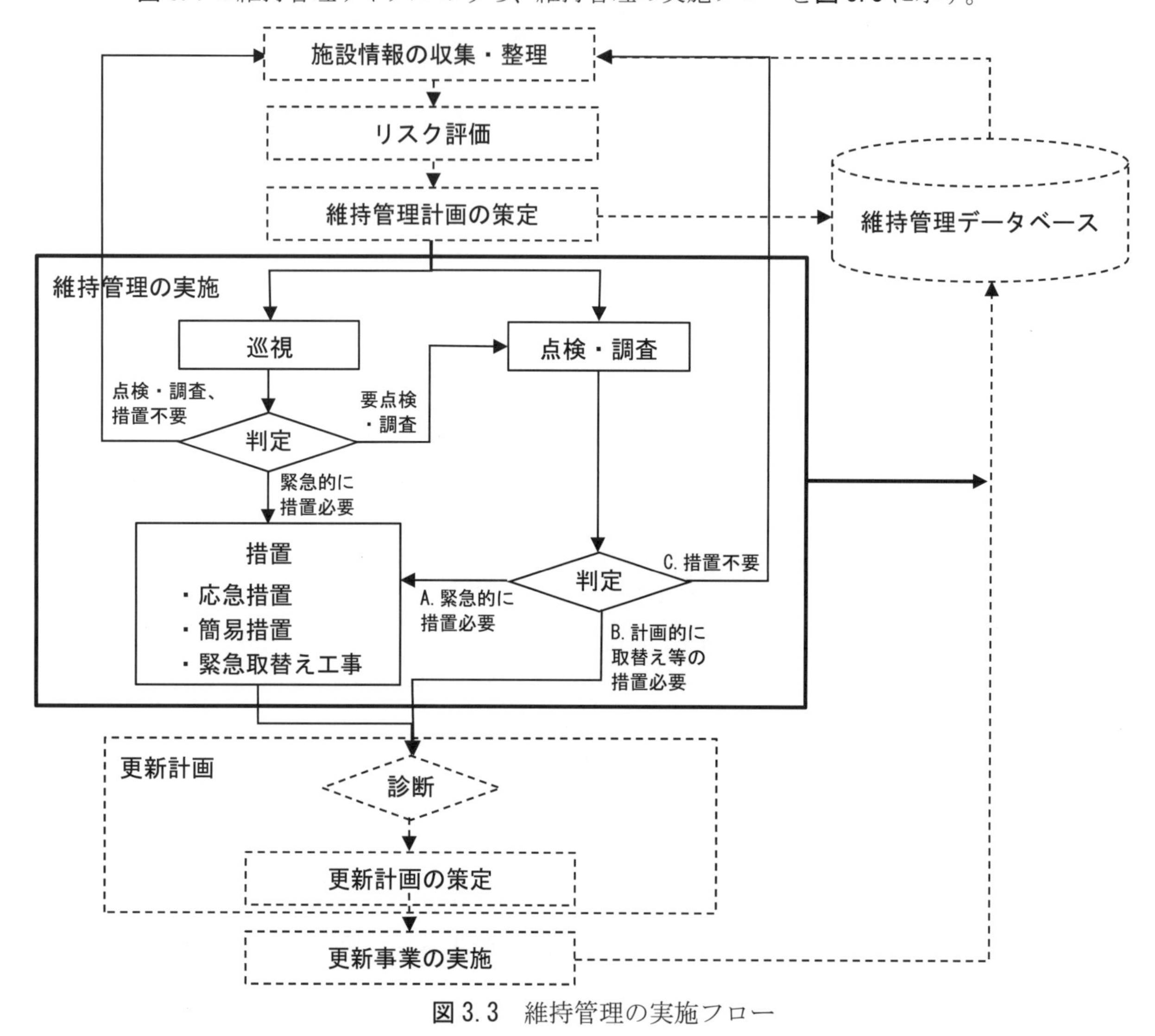

図 3.3　維持管理の実施フロー

出典　：「(公財) 日本下水道新技術機構、**効率的なストックマネジメント実施に向けた下水道用マンホール蓋の設置基準等に関する技術マニュアル**、2020 年 3 月」を参照して加筆

（5）更新計画の策定

鉄蓋類の「点検・調査」の結果に基づき、健全度評価を行い、更新の必要性や優先度の診断を行う。これらの診断結果を基に、更新計画を策定する。

なお、鉄蓋類の更新については、管路更新（耐震化工事）や道路舗装の改良工事との関連性も考慮して実施することで、より効率的かつ計画的に行えることから、これらの更新工事と関連付けた計画にしておくことが望ましい。

（6）維持管理データベースの構築

アセットマネジメントを実践するサイクル構築には、維持管理に必要となる情報を収集・整理、データベース化し、適宜情報を更新しておくことが重要である。

（1）の施設情報の収集・整理とも関連し、鉄蓋類の基本情報（設置年度や製造業者、基本的な機能などに関する情報）、設置環境に関する情報、維持管理情報（苦情/事故履歴、巡視、点検・調査履歴などの情報）、更新情報（鉄蓋類の更新履歴などの情報）を蓄積、データベース化しておくことが重要となる。（必要な情報については、「**3.1.2 施設情報の収集・整理の事例**」参照）

また、維持管理データベースの構築に当たっては、水道台帳管理システム（マッピングシステム）などの既存のシステムとも関連付けて管理することが有効である。

3.1.2 施設情報の収集・整理の事例

鉄蓋類の維持管理計画及び更新計画の策定に当たっては、以下に示す情報を収集・整理する必要がある。

（1）基本情報

（2）設置環境に関する情報

（3）維持管理情報

（4）更新情報

【解説】

維持管理計画及び更新計画に必要な情報としては、鉄蓋類の基本情報、設置環境に関する情報、維持管理情報、更新情報などがある。

鉄蓋類に関する情報が不足している場合には、巡視、点検・調査などの結果から、各情報の整理を以下に示すように行う必要がある。

（1）基本情報

鉄蓋類の属性情報項目の例を**表 3.1** に示す。

表 3.1 鉄蓋類の基本情報項目（例）

項目			内容
基本情報	弁栓番号		１２３４５－１
	鉄蓋	製造年	○○年度
		製造業者名	○○株式会社
		型式名	○○型
		耐荷重仕様	T-25、T-20、T-14、T-8、その他
		形状	円形、角形
		支持構造	平受け、急勾配受け、その他
		材質	FCD、FC、コンクリート、その他
		呼び径	φ○○mm、○○×○○mm
		設置年度	○○年度
		開閉器具の種類	○○型
	下桝	材質	レジンコンクリート、コンクリート、その他
	調整部	使用材料	無収縮モルタル、調整リング、その他
		調整部高さ	○○mm
	上部壁からGLまでの距離		○○mm
	機器の種類		仕切弁、消火栓、空気弁、止水栓、量水器、･･･
	機器類上端の位置（**注 11**）		GLから○○mm

注 11 機器類上端の位置： バルブのキャップ（スピンドル）や空気弁の上端カバーなどの先端からＧＬまでの離隔距離。距離が十分確保できていない場合は、蓋の開閉操作時に蓋裏の補強リブと機器類が干渉するおそれがある。

（2）設置環境に関する情報

鉄蓋類の維持管理計画及び更新計画を策定する際に、鉄蓋類の設置環境を整理しておくことで、不具合の発生確率の検討やリスクの影響度を評価することが可能となる。

鉄蓋類の設置環境に関する情報項目の例を**表 3.2** に示す。

表 3.2　鉄蓋類の設置環境に関する情報項目（例）

項目		内容
道路環境	住所	○○市○○町○○　○○交差点付近
	道路種別	国・県道、市町村道、私道、その他
	舗装種別	アスファルト、コンクリート、平板ブロック、砂利道、その他
	歩車道の種別	車道、歩道、宅地内
	大型車交通量	多、中、少
	路線重要度	通学路、避難路、主要施設付近、緊急輸送路等
設置管路	管路種別	配水本管、配水支管、その他
	管口径	○○○mm
	管路埋設深さ	H=○○mm

（3）維持管理情報

鉄蓋類の維持管理情報として、苦情や事故履歴、巡視や点検・調査の履歴などを整理しておくことで、緊急時対応の参考になるとともに、以降の点検・調査の頻度や優先度、更新優先度の判断材料となる。

鉄蓋類の維持管理情報項目の例を**表 3.3** に示す。

表 3.3　鉄蓋類の維持管理情報項目（例）

項目	内容
苦情/事故履歴	発生日、内容、対応等
巡視、点検・調査履歴	実施日、実施内容、実施者、実施方法、結果等
緊急取替え、修繕履歴	実施日、実施内容、実施者、実施方法、結果等

（4）更新情報

鉄蓋類の更新情報を履歴として蓄積しておくことで、維持管理計画及び更新計画を策定する際の参考情報となる。

鉄蓋類の更新情報項目の例を**表 3.4** に示す。

表 3.4　鉄蓋類の更新情報項目（例）

項目	内容
更新履歴	更新年度、更新費用、更新工事方法、更新理由等

（5）鉄蓋類の台帳整備の事例

アセットマネジメントのサイクル構築においては、（1）～（4）に示した情報を蓄積、更新していくことが必要であり、鉄蓋類の台帳整備の事例を**表 3.5** に示す。

表 3.5 鉄蓋類の台帳整備の事例

項目			内容
基本情報	弁栓番号		１２３４５－１
	鉄蓋	製造年	1995 年度
		製造業者名	○○○○株式会社
		型式名	○○型
		耐荷重仕様	☑T-25 □T-20 □T-14 □T-8□ その他（　）
		形状	☑円形 □角形
		支持構造	□平受け ☑急勾配受け □その他（　）
		材質	☑FCD □FC □コンクリート □その他（　）
		呼び径	φ500mm
		設置年度	1995 年度
		開閉器具の種類	○○型バール
	下桝	材質	☑レジンコンクリート □コンクリート □その他
	調整部	使用材料	☑無収縮モルタル □調整リング □その他
		調整部高さ	50mm
	上部壁から GL までの距離		150mm
	バルブの種類		☑仕切弁 □消火栓 □空気弁 □止水栓 □量水器
	バルブキャップの高さ		GL から 300mm
設置環境に関する情報	住所		○○市○○町○○　○○交差点付近
	道路種別		□国・県道 ☑市町村道 □私道 □その他（　）
	舗装種別		☑アスファルト □コンクリート □平板ブロック □砂利道 □その他（　）
	歩車道の種別		☑車道 □歩道 □宅地内
	大型車交通量		□多 ☑中 □少
	路線重要度		□通学路 □避難路 □主要施設付近 □緊急輸送路 □その他（　）
	管路種別		□配水本管 ☑配水支管 □その他（　）
	管口径		150mm
	管路埋設深さ		H=800mm
	オフセット図、位置図等		○○町○丁目○－○ 水道番号○○○○○ 4.0 5.0 2.9 4.0 T-DIP φ150 H=0.8m HOO No.OO ○○○公園 T-DIP φ200 H=0.8m HOO No.OO ○○町○丁目○－○ 水道番号○○○○○ 2.2 3.8 3.0 4.0

<table>
<tr><th colspan="2">項目</th><th colspan="4">内容</th></tr>
<tr><td rowspan="27">維持管理情報</td><td rowspan="9">苦情/事故履歴</td><td rowspan="3">☑苦情 □事故</td><td rowspan="3">①</td><td>発生日</td><td>2015 年 9 月 15 日</td></tr>
<tr><td>内容</td><td>蓋のがたつき、騒音苦情</td></tr>
<tr><td>対応</td><td>一時的な修繕後、取替え実施</td></tr>
<tr><td rowspan="3">□苦情 □事故</td><td rowspan="3">②</td><td>発生日</td><td></td></tr>
<tr><td>内容</td><td></td></tr>
<tr><td>対応</td><td></td></tr>
<tr><td rowspan="3">□苦情 □事故</td><td rowspan="3">③</td><td>発生日</td><td></td></tr>
<tr><td>内容</td><td></td></tr>
<tr><td>対応</td><td></td></tr>
<tr><td rowspan="5">巡視履歴
（※）</td><td rowspan="5">実施日/結果</td><td>①</td><td colspan="2">○年○月○日 / 異常なし</td></tr>
<tr><td>②</td><td colspan="2">○年○月○日 / 異常なし</td></tr>
<tr><td>③</td><td colspan="2">○年○月○日 / 異常なし</td></tr>
<tr><td>④</td><td colspan="2">○年○月○日 / 詳細調査必要</td></tr>
<tr><td>⑤</td><td colspan="2"></td></tr>
<tr><td rowspan="5">点検・調査履歴
（※）</td><td rowspan="5">実施日/判定結果</td><td>①</td><td colspan="2">○年○月○日 / 異常なし</td></tr>
<tr><td>②</td><td colspan="2">○年○月○日 / 取替え必要：応急処置なし</td></tr>
<tr><td>③</td><td colspan="2"></td></tr>
<tr><td>④</td><td colspan="2"></td></tr>
<tr><td>⑤</td><td colspan="2"></td></tr>
<tr><td rowspan="6">緊急取替え
修繕履歴</td><td rowspan="2">☑取替え □修繕</td><td rowspan="2">①</td><td>実施日</td><td>2015 年 9 月 30 日</td></tr>
<tr><td>内容</td><td>緊急取替え工事（鉄蓋のみ）</td></tr>
<tr><td rowspan="2">□取替え □修繕</td><td rowspan="2">②</td><td>実施日</td><td></td></tr>
<tr><td>内容</td><td></td></tr>
<tr><td rowspan="2">□取替え □修繕</td><td rowspan="2">③</td><td>実施日</td><td></td></tr>
<tr><td>内容</td><td></td></tr>
<tr><td rowspan="6">更新情報</td><td rowspan="6">更新履歴</td><td rowspan="3">□鉄蓋のみ
□ボックス全体</td><td rowspan="3">①</td><td>更新年度</td><td></td></tr>
<tr><td>更新方法</td><td></td></tr>
<tr><td>更新理由</td><td></td></tr>
<tr><td rowspan="3">□鉄蓋のみ
□ボックス全体</td><td rowspan="3">②</td><td>更新年度</td><td></td></tr>
<tr><td>更新方法</td><td></td></tr>
<tr><td>更新理由</td><td></td></tr>
</table>

※巡視、点検・調査の結果については、別途それぞれ「巡視記録表」「点検・調査記録表」を記録して保管。

3.1.3 水道用鉄蓋類に関するリスク

水道用鉄蓋類に関するリスクは、性能劣化、機能不足及びその他の施工状況等に起因するものがあり、それぞれ更新にいたる過程が異なるため、以下の３つに区分して扱う。

（１）性能劣化によるリスク

（２）機能不足によるリスク

（３）その他リスク

【解説】

鉄蓋類に関するリスクは、部位の損耗や都市環境の変化により性能が劣化した結果によるものと、設置以降の都市環境の変化を受け、現在の機能水準に対し機能が不足した結果によるものに大別される。

なお、更新にいたる過程は、性能劣化は巡視、点検・調査によって対象を抽出するのに対し、機能不足は巡視、点検・調査だけでなく、資料整理等によっても対象を抽出する場合がある。

（１）性能劣化によるリスク

性能劣化によるリスクは、鉄蓋類が、繰り返しの車両通行の影響を受けることによる物理的損耗、及び塩害地等の腐食環境による化学的損耗を受ける等、性能が低下した結果、起こりうる事故や故障のことをいう。また、都市環境の変化によって求められる要求が高まり、性能が不足している状態も対象とする。

性能劣化に伴う事故事例を**表 3.6** に示す。人命に関わる事故も発生していることから、適切な維持管理により状態を把握し、更新することが必要である。

表 3.6 性能劣化に伴う事故事例

<table>
<tr><th>性能</th><th>性能劣化の事象</th><th colspan="2">事故事例</th></tr>
<tr><td>破損防止</td><td>道路区分に応じた耐荷重性強度を下回るような鉄蓋の設置による耐荷重性能の不足</td><td>蓋の破損</td><td>・道路拡張により従来歩道部に設置されていた蓋がそのまま車道部で使用され、蓋が破損した。</td></tr>
<tr><td rowspan="2">がたつき防止</td><td>勾配面の摩耗進行による蓋の揺動量増大</td><td rowspan="2">騒音発生／飛散事故</td><td rowspan="2">・急勾配受けの蓋が、車両通過時に巻き上げられ、車両破損の事故が発生した。
・自動車が通過中に平受構造の蓋を跳ね上げ、後輪部分が破損した。</td></tr>
<tr><td>勾配面の腐食による蓋の収まり状態の不安定化</td></tr>
<tr><td rowspan="2">スリップ防止</td><td>摩耗による蓋模様高さの減少によるすべり抵抗の低下</td><td rowspan="2">歩行者や二輪車のスリップ事故</td><td rowspan="2">・二輪車がブレーキ時に蓋上でスリップし、歩行者に衝突し、負傷した。
・歩行者が、雨天時に歩道上に設置された蓋上で転倒し、負傷した。</td></tr>
<tr><td>道路舗装に対する蓋表面のすべり抵抗の性能不足</td></tr>
</table>

（2）機能不足によるリスク

機能不足によるリスクは、現在求められる機能水準に対して、保有している機能が不足していることによって発生する事故や故障のことをいう。

機能不足に伴う事故事例を**表 3.7** に示す。機能不足によるリスクが想定される鉄蓋類に対しては、設置環境に応じて適切な機能を備えた鉄蓋類へ計画的に更新することが必要である。

表 3.7　機能不足に伴う事故事例

機能不足の事象	事故事例	
土砂流入防止機能の不足	土砂流入	・蓋表面からの土砂の流入により弁筐内に土砂が堆積し、バルブ操作に支障をきたした。
蓋開閉操作機能の不足	災害復旧作業の遅れ	・災害後の応急復旧作業で蓋が開閉できず、復旧作業に遅れが生じた。
	消火活動の遅れ	・消防による消火活動作業時に蓋が開閉できず、消火活動に遅れが生じた。
浮上・飛散防止機能の不足	通水作業による蓋飛散	・通水作業時に、急速空気弁からの排気で発生した圧力で蓋が飛散した。
転落・落下防止機能の不足	作業者の転落・落下	・耐震性貯水槽の点検作業者が、作業中に足を踏み外し、貯水槽内に転落した。
不法開放防止機能の不足	関係者以外の不法開放による事故	・公園にある耐震性貯水槽の蓋を住民が無断で開放し、転落事故につながった。

（3）その他リスク

その他のリスクとしては、鉄蓋類の周辺に関するもので、施工不良等人的ミスによるものがあげられる。その他の要因に伴う事故事例を**表 3.8** に示す。

人的ミスによるリスクに対しては、関係者に対して施工要領や取扱要領等を周知徹底していくことが必要である。

表 3.8　その他の要因に伴う事故事例

その他の事象	事故事例	
基礎調整部の施工不良	弁筐の沈下や歩行者のつまずき	・木材等による高さ調整を行った結果、経年劣化により木材が腐食して消失し、弁筐の沈下が発生した。
弁筐周辺の埋戻しの転圧不足	歩行者のつまずき	・歩道に設置されている蓋周辺舗装が沈下し、蓋が 4cm 浮き上がった状態に歩行者がつまずき、転倒し負傷した。

3.1.4 鉄蓋類の耐久性について

鉄蓋類の損傷、劣化等の進行は、設置環境等の条件によって大きく異なるため、鉄蓋類の耐久性を数値的に設定することが困難である。また、鉄蓋のがたつき、破損、蓋表面模様の摩耗等は、設置場所の路上を通過する車両台数や車体重量等に大きく影響される。そのため、鉄蓋類の耐久年数（寿命）は、このような環境条件を十分考慮して決定されなければならない。

【解説】

近年、鉄蓋の材質には、ダクタイル鋳鉄が使用され、鉄蓋の支持構造には、急勾配受け方式が採用されるようになった。鉄蓋のがたつきや破損などの現象は、このような技術的な改良によって急減している。そのため、現在、取替えなどの措置を必要とする鉄蓋の多くは、蓋表面模様の摩耗が進行しているものである。

（1） 鉄蓋表面の摩耗による劣化

蓋表面模様の摩耗した鉄蓋は、二輪車などのスリップを誘発し、人身事故などを発生させる大きな要因になる。特に、雨天時には、濡れた蓋の表面でその危険性が高くなる。

蓋表面模様の摩耗の進行は、国道、都道府県道等の道路区分にもよるが、設置された路上の車両通行量などに大きく影響される。交通量が多い車道に設置されている鉄蓋の摩耗量は、実測結果から通常 0.1～0.3 ㎜/年と推測されている。設置場所の条件にもよるが、模様高さが３㎜以下になると、二輪車などのスリップ発生の可能性が高くなると云われている。

このような考え方を踏まえて、蓋表面模様の摩耗の進行が年間 0.2 ㎜と仮定して、その模様の高さが６㎜から３㎜になるまでに要する年数（３㎜摩耗する年数）を換算すると、耐久年数は約 15 年となる。

しかしながら、前述したように、蓋表面の摩耗の進行は設置環境に大きく影響される。したがって、点検などによって摩耗の進行が確認された鉄蓋については、設置環境を十分考慮した上で、計画的に取替えなどの措置を実施していくことが望ましい。

また、蓋表面にカラー樹脂などを施した標示鉄蓋については、視認性を重視するため、樹脂部の変色、剥離等が問題になる。摩耗の進行と同様に、変色、剥離の程度にも大きなバラつきがあるため、標準的な劣化の基準を設けることは困難である。

したがって、視認が困難となった鉄蓋については、劣化の程度を個別に判断しながら計画的に取替えなどの措置を実施していくことが望ましい。

なお、標示鉄蓋は、カラー樹脂の摩擦係数が少ないことから、スリップ事故の発生しやすい交差点、カーブ、坂道等への設置を避ける必要がある。

（2） 鉄蓋類の耐用年数について

水道施設の耐用年数については、個々の施設において必ずしも明確になっておらず、地方公営企業法施行規則における有形固定資産の法定耐用年数に関しては、**表 3.9** のように定められている。

鉄蓋類が機器類と同様に配水管付属設備と位置付けられるとした場合、資産管理上の鉄蓋類の耐用年数は、30 年となる。

表 3.9 有形固定資産の法定耐用年数（地方公営企業法施行規則 抜粋）

種 類	構造又は用途	細目	耐用年数
構造物	水道用又は工業用水道用のもの	浄水設備	60 年
		配水設備	60 年
		配水管	40 年
		配水管付属設備	30 年

一方、同じ路上に設置される下水道用のマンホール鉄蓋に関しては、平成 28 年に国土交通省水管理・国土保全局下水道部の通知「**下水道施設の改築について**」（平成 28 年 4 月 1 日国水下事第 109 号下水道事業課長通知）で、マンホール鉄蓋の標準耐用年数が別表に定められている。これによると、マンホール鉄蓋の標準耐用年数としては、車道部で 15 年、その他で 30 年とされている。

表 3.10 下水道施設の改築について 別表

（平成 28 年 4 月 1 日国水下事第 109 号下水道事業課長通知 別表より抜粋）

大分類	中分類	小分類	年数
管路施設	マンホール	本体（コンクリート製）	50
		本体（硬質塩化ビニル製）	
		本体（レジンコンクリート製）	
		鉄蓋（車道部）	15
		鉄蓋（その他）	30

以上の点を踏まえ、鉄蓋類の耐用年数に関しては概ね 30 年程度として取り扱うことが適当と考えられるが、特に車道部に設置される鉄蓋類に関しては、車両通行により鉄蓋表面が摩耗して道路としての安全を損なう可能性があることにも配慮し、設置環境によっては 15 年程度の耐用年数として取り扱い、維持管理及び更新時期の参考とすることが望ましい。

3.2 維持管理の実施要領

3.2.1 鉄蓋類の巡視の実施要領

鉄蓋類の巡視は、蓋を開閉せずに、種類や表面の状態及び周辺舗装等を目視にて確認するものである。また、日常的な維持管理業務（日常点検）の一環として、管路の巡視などの他の巡視業務と同時に行うこともできる。

【解説】

巡視は、日常的な維持管理業務（日常点検）の一環として、維持管理計画に基づいて継続的に実施するものである。鉄蓋類に関する情報が不足している場合は、最初の巡視実施時に鉄蓋の種類や設置環境等の基本情報の把握を行うこととなる。このため、巡視項目は開閉せずに容易に確認できる項目を設定する必要がある。

（1）巡視の頻度

鉄蓋類の巡視については、周辺舗装等の劣化も早期に発生するおそれがあることから、設置されている道路環境（道路種別や交通量など）、管路の重要度や老朽度等をはじめ、事故時の影響度を考慮してその頻度を決定する必要がある。維持管理の実績が蓄積されている場合は、実績を基に巡視頻度を設定することができる。また、管路の巡視やバルブ類の日常点検と併せて行うことで、効率的に実施することができる。

巡視・点検の実施頻度については、「**水道施設の点検を含む維持・修繕の実施に関するガイドライン**」（令和元年９月、厚生労働省 医薬・生活衛生局 水道課）や「**管路維持管理マニュアル作成の手引き**」（平成 26 年３月、（公財）水道技術研究センター）に基幹管路等や付属設備の実施頻度例が記載されている。維持管理の実績が蓄積されていない場合には、必要に応じて**表 3.11** 及び上記のガイドライン等を参考に、巡視の実施頻度を設定することができる。

表 3.11 「水道施設の点検を含む維持・修繕の実施に関するガイドライン」（令和元年９月、厚生労働省 医薬・生活衛生局 水道課）による巡視・点検等の実施頻度（抜粋）

基幹管路等の巡視・点検の実施頻度（例）

種類	対象	頻度
日常パトロール	老朽化管路パトロール	月１巡
	基幹管路パトロール	年４巡
	一般管路パトロール	年２巡

基幹管路等の付属設備の日常点検の実施頻度（例）

設置場所	機種	点検内容と頻度	
道路下埋設	仕切弁	日常点検（目視）	年１回
	空気弁	日常点検（目視）	年１回
	消火栓	日常点検（目視と作動）	年１回
	補修弁	日常点検（目視と作動）	年１回
道路下弁室内	仕切弁	日常点検（目視）	年１回
	減圧弁	日常点検（目視）	年２回

（2）巡視項目と確認方法

鉄蓋類の巡視における主な確認項目及び確認方法の例を**表 3.12** に示す。

表 3.12 巡視における鉄蓋類の確認項目及び確認方法（例）

<table>
<tr><th colspan="3">確認項目</th><th>確認方法</th></tr>
<tr><td rowspan="3">基本情報</td><td colspan="2">道路情報（道路種別、占有位置、舗装種別等）</td><td>目視にて確認</td></tr>
<tr><td colspan="2">管路情報（管路種別、管口径、埋設深さ等）</td><td>管路台帳図面と照合</td></tr>
<tr><td colspan="2">弁栓情報（バルブの種類、弁栓番号等）</td><td>バルブ台帳と照合</td></tr>
<tr><td rowspan="6">状態把握</td><td rowspan="4">損傷劣化</td><td>外観（クラック・破損）</td><td>目視の結果と判定写真との比較</td></tr>
<tr><td>がたつき</td><td>車両通過時の音あるいは足踏みによる動き</td></tr>
<tr><td>表面摩耗</td><td>目視の結果と判定写真との比較</td></tr>
<tr><td>蓋・受枠間の段差</td><td>目視の結果と判定写真との比較</td></tr>
<tr><td rowspan="2">周辺舗装</td><td>周辺舗装の損傷</td><td>目視の結果と判定写真との比較</td></tr>
<tr><td>蓋・周辺舗装の段差</td><td>目視の結果と判定写真との比較</td></tr>
</table>

（3）巡視判定基準

巡視による確認項目の内、状態把握に関する巡視結果の判定は、判定写真との比較によるものとし、「緊急的に措置必要」、「要点検・調査」、「点検・調査、措置不要」の３段階で判定を行う。

巡視結果の判定には、各水道事業者において使用する鉄蓋類の状態を比較できる判定基準を作成し、それを利用することが有効である。

以下に、確認項目ごとの判定基準及び判定写真の例を示す。

1）外観（クラック・破損）

車道に設置されている鉄蓋は、車両通行などによる繰返し荷重を受けるため、一部にクラックや欠けが発生すると、大きく破損して事故に発展する危険性がある。また、歩道に設置されている鉄蓋についても、クラックや欠けが発生していると、歩道へ乗り入れる緊急車両や歩行者及び自転車の通行等の妨げにもなる。このような理由から、クラックや欠けは、その状況に応じて、早期に適切な措置を講じることが望ましい。

外観の判定基準の例を**表 3.13** に示す。

表 3.13　外観の判定基準（例）

状況	損傷大 （クラック・破損）	損傷中 （軽微な破損・舗装材付着）	異常なし
判定	緊急的に措置必要	要点検・調査	点検・調査、措置不要
判定写真（例）	蓋に破損が発生	軽微な破損	異常なし
	受枠上面に破損発生	舗装材の付着	異常なし

2）がたつき

鉄蓋のがたつきには、蓋のみにがたつきがある場合と受枠を含めて鉄蓋全体にがたつきがある場合がある。急勾配受け構造では、蓋の沈みが２㎜ 以上になると、蓋の下面が受枠棚上面に接触して、勾配受け構造の機能が損なわれ、蓋と受枠との間でがたつきを発生させるおそれがある。

蓋のみのがたつきでは、車両通行による騒音の発生や、蓋の跳ね上がりによる車両破損及び人身事故等を発生させた事例もある。また、受枠を含めた鉄蓋全体のがたつきでは、騒音発生のほか、周辺舗装の破損などの要因となることもあるので、その状況に応じて早期に適切な措置を講じることが望ましい。

鉄蓋のがたつきは、蓋の両端を交互に足踏みすることで確認が可能であり、交通量が多い場合は、車両通行時のがたつき音の有無で確認することも可能である。

がたつきの判定基準の例を**表 3.14** に示す。

表 3.14 がたつきの判定基準（例）

車両通過時・足踏み時の状況	判定
がたつき又は通行音あり	要点検・調査
がたつき又は通行音なし	点検・調査、措置不要

３）表面模様の摩耗

蓋の表面模様は、激しい車両通行による摩耗で、その残存高さが低減する。残存高さが低減すると、蓋表面のすべり抵抗が低下して、二輪車などによるスリップ事故等が発生するおそれがある。そのため、蓋表面の模様は、摩耗状況を判定し、その状況に応じて、スリップ防止又は取替え等の措置を講じることが望ましい。

なお、蓋表面をカラー樹脂で充填した識別標示の鉄蓋については、その視認性などの特性を考慮して、別途に判定していくことが望ましい。

表面摩耗の判定基準の例を**表 3.15** に示す。

表 3.15 表面模様の摩耗の判定基準（例）

状況	模様高さが殆どない	模様高さが減少し、角が丸みを帯び始めている	模様高さが十分に残っている
判定	緊急的に措置必要	要点検・調査	点検・調査、措置不要
判定写真（例）	 模様高さが殆どなし	 2～3 mm摩耗	 摩耗なし
	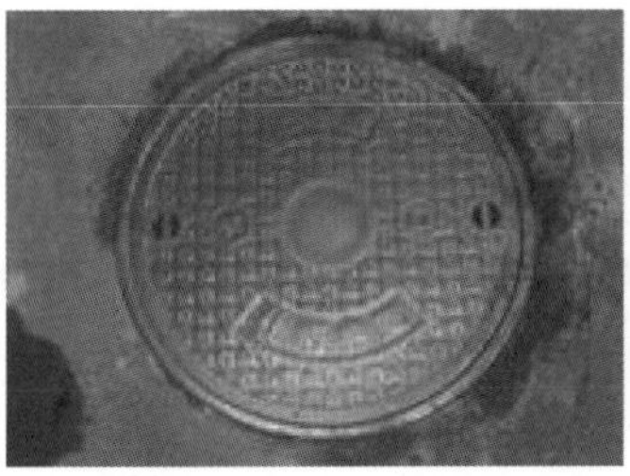 模様高さが殆どなし	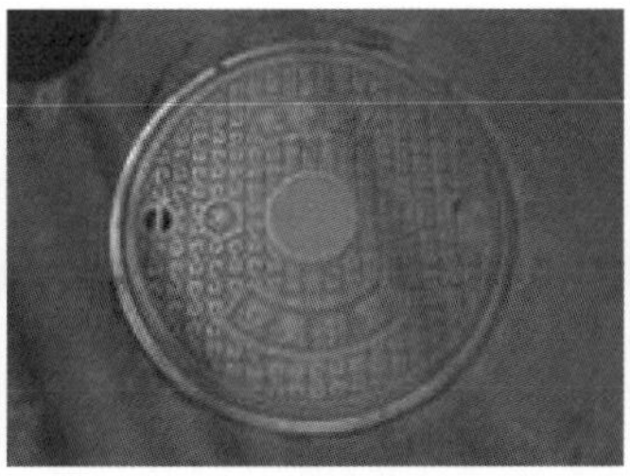 2～3 mm摩耗	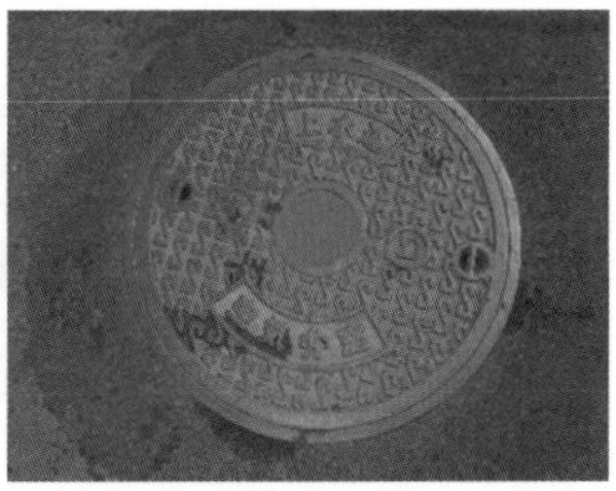 摩耗なし

4）蓋・受枠間の段差

蓋・受枠間の段差は、平受け構造の鉄蓋や腐食環境に設置されているものに多く確認される。

蓋・受枠間の段差については、主として歩行者や車両通行の妨げとなり、また、がたつき等の原因となるため、段差の凹凸が明らかに大きなものについては更新の対象とする。

蓋・受枠間の段差の判定基準の例を**表 3.16** に示す。

表 3.16　蓋・受枠間の段差の判定基準（例）

状況	段差大（蓋凹凸）	段差小（蓋凹凸）	段差なし
判定	緊急的に措置必要	要点検・調査	点検・調査、措置不要
判定写真（例）	 蓋枠の段差大（蓋凹）	 蓋枠の段差小（蓋凹）	 段差なし
	 蓋枠の段差大（蓋凸）	 蓋枠の段差小（蓋凸）	 段差なし

5）周辺舗装の損傷

周辺舗装の損傷は、下桝（上部壁）と鉄蓋の受枠がボルトで緊結固定されていないものや、周辺舗装の転圧が不足している場合などに多く確認される。

周辺舗装の損傷の程度が大きなものは、鉄蓋の取替えや周辺舗装の修繕が必要となる。前述のような損傷の原因を取り除かずに舗装の修繕のみを行った場合、再度舗装が損傷する可能性が高いことから、状況によっては鉄蓋類の取替えを行うなど、適切な処置が必要となる。

周辺舗装の損傷の判定基準の例を**表 3.17** に示す。

表 3.17 周辺舗装の損傷の判定基準（例）

状況	広範囲な舗装の損傷 ・破損片の飛散	部分的な舗装の損傷 ・蓋周辺の縁切れ	舗装の損傷なし
判定	緊急的に措置必要	要点検・調査	点検・調査、措置不要
判定写真（例）	 広範囲な損傷	 部分的な損傷	 損傷なし
	 破損片の飛散	 蓋周辺の縁切れ	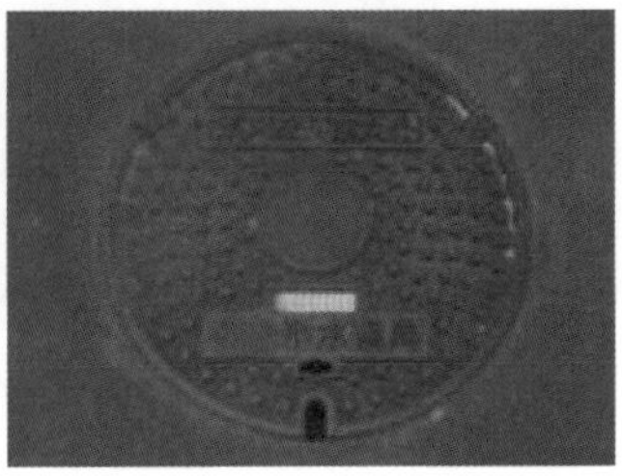 異常なし

6）蓋・周辺舗装の段差

蓋・周辺舗装の段差については、コンクリート縁巻きされた鉄蓋（**図 3.4** 参照）や交通量の多い道路又は地盤が緩い地域において多く確認される。

鉄蓋と周辺舗装で段差が生じた場合、歩行者及び車両通行の妨げとなるため、現地の状況を踏まえ、早急に適切な措置を講じる必要がある。

蓋・周辺舗装の段差の判定基準の例を**表 3.18** に示す。

図 3.4　コンクリート縁巻きされた鉄蓋の例

表 3.18　蓋・周辺舗装の段差の判定基準（例）

状況	段差大（鉄蓋凹凸）	段差中（鉄蓋凹凸）	段差なし
判定	緊急的に措置必要	要点検・調査	点検・調査、措置不要
判定写真（例）	大きな段差（鉄蓋凸）	段差あり（鉄蓋凸）	段差なし
	大きな段差（鉄蓋凹）	段差あり（鉄蓋凹）	段差なし

（４）巡視記録表の例

巡視記録表の例を**表 3.19** に示す。

表 3.19 巡視記録表（例）

調査日			令和　○年　○月　○○日	天候	○○	記録者	○○ ○○
住所			○○市○○町○○　○○交差点付近				
基本情報	道路情報	道路種別	□国道 □主要道 □一般県道 ☑一般市町村道 □私道 □借用 □その他				
		道路線形	☑直線 □坂道 □カーブ □交差点				
		占有位置	☑車道 〔□わだち ☑車線中央 □路肩 □植樹帯 □中央分離帯〕 □歩道 □その他（　　　　　　）				
		舗装種別	☑アスファルト □コンクリート □平板 □砂利道 □その他				
		エリア特性（複数選択可）	☑バス通り □重量車両通行多 □ビルピット付近 □その他特記有（　　　　　　　　　　　　）				
	管路情報	管路種別	□配水本管 ☑配水支管 □その他（　　　　）				
		管口径	○○mm	管路埋設深さ	H=○○○mm		
	弁栓情報	バルブの種類	□仕切弁 □バタフライ弁 ☑消火栓 □空気弁 □止水栓 □量水器 □その他（　　　　　　　　）				
		弁栓番号	○○○○-○				
	鉄蓋情報	鉄蓋類種類	☑鉄蓋（円形○号　　　　） □弁筐（　　　　　　　） □その他（　　　　　　　）				
		耐荷重仕様	☑T-8 □T-14 □T-20 □T-25 □その他（　　　　）				
		支持構造	□平受け ☑急勾配受け □その他（　　　　）				

鉄蓋類の状態把握	巡視項目		巡視結果		
			措置必要（周辺舗装は舗装修繕）	要点検・調査	点検・調査措置不要
	鉄蓋類の損傷劣化	クラック・破損	●		
		がたつき			●
		表面摩耗			●
		蓋・受枠間の段差	●		
	集計欄		●		
	周辺舗装	周辺舗装の損傷	●		
		蓋・周辺舗装との段差	●		
	集計欄		●		
備考（周辺状況等）					

出典　:「(財) 下水道新技術推進機構、**下水道用マンホールふたの計画的な維持管理と改築に関する技術マニュアル**、2012 年 3 月」を参照して追記

3.2.2 鉄蓋類の点検・調査の実施要領

鉄蓋類の点検・調査は、巡視と比較して詳細な点検の位置付けであり、蓋を開けて表・裏面の状況、及び周辺舗装等の損傷劣化を定量的に計測するとともに、現在の設置環境に適しているかの診断を行う。

鉄蓋類の点検・調査の実施に当たっては、機器類の点検時、管内調査や洗浄作業における機器類の操作時等、他の維持管理業務と同時に行うことが望ましい。

【解説】

鉄蓋類の点検・調査は、更新計画を策定するために優先度やリスクの判断材料となる情報を詳細に調査するものである。特に巡視結果の判定で「要点検・調査」と判断された鉄蓋については、優先して点検・調査を行う必要がある。

ボックス内に土砂の堆積や浸水が確認された場合は、必要に応じてボックス内の清掃（堆積した土砂の除去、排水、水抜き等の処置）を実施する。

点検・調査箇所によっては交通規制も必要になることから、機器類の点検時、管内調査や洗浄作業における機器類の操作時等、他の維持管理業務と併せて効率的に行うことが望ましい。

（1）点検・調査の頻度

鉄蓋類の点検・調査については、施設の重要度や経過年数、老朽度、バルブ操作による濁水発生リスク等を考慮してその頻度を決定する必要がある。特に管路施設として重要な基幹管路等を優先して行うとともに、設置している機器類の重要性に応じて点検・調査の頻度を設定しておく必要がある。維持管理の実績が蓄積されている場合は、実績を基に点検・調査頻度を設定することができる。

点検・調査の実施頻度については、「**水道施設の点検を含む維持・修繕の実施に関するガイドライン**」（令和元年９月、厚生労働省 医薬・生活衛生局 水道課）や「**管路維持管理マニュアル作成の手引き**」（平成26年３月、（公財）水道技術研究センター）に管路の付属設備や弁室・弁筐等点検の実施頻度例が記載されており、維持管理の実績が蓄積されていない場合には、必要に応じて上記のガイドライン等を参考に鉄蓋類の点検・調査の実施頻度を設定することができる。

表 3.20 「管路維持管理マニュアル作成の手引き」（平成26年３月、（公財）水道技術研究センター）による弁室・弁筐等点検の実施頻度」（抜粋）

弁室・弁筐等点検の点検頻度一覧

バルブの種類	管路施設	頻度
仕切弁等	幹線管路に設置しているバルブ及びその管路の分岐部に設置している第一バルブのバルブ室、弁筐	2年1巡
	上記以外の配水小ブロックの境界バルブのバルブ室、弁筐	3年1巡
	上記以外のバルブのバルブ室、弁筐	5年1巡
空気弁	幹線管路に設置している空気弁のバルブ室、弁筐	2年1巡
	上記以外の空気弁のバルブ室、弁筐	5年1巡
減圧弁	幹線管路に設置している減圧弁のバルブ室	1年1巡
	上記以外の減圧弁のバルブ室	1年1巡

（2）点検・調査項目と確認方法

鉄蓋類の点検・調査は、蓋を開けて、蓋の表・裏面の状況及び周辺舗装等の損傷劣化を定量的に計測するとともに、当該鉄蓋が現在の設置環境に適合しているかの判定も行う。また、蓋の開閉可否の判定を行うとともに、蓋を開けた状態で、バルブの操作が可能であるかなど、バルブ室や弁筺内部の状態も確認する。

鉄蓋類の点検・調査における主な確認項目及び確認方法の例を**表 3.21** に示す。

表 3.21　点検・調査における鉄蓋類の確認項目及び確認方法（例）

<table>
<tr><th colspan="3">確認項目</th><th>確認方法</th></tr>
<tr><td rowspan="3">基本情報</td><td colspan="2">道路情報（道路種別、占有位置、舗装種別等）</td><td>図面、目視にて確認</td></tr>
<tr><td colspan="2">管路情報（管路種別、管口径、埋設深さ等）</td><td>管路台帳図面と照合</td></tr>
<tr><td colspan="2">弁栓情報（バルブの種類、弁栓番号等）</td><td>バルブ台帳と照合</td></tr>
<tr><td rowspan="15">状態把握</td><td colspan="2">蓋の開閉操作性</td><td>専用の開閉工具を使用して
人力で開閉可否を確認</td></tr>
<tr><td>仕様の適合性</td><td>鉄蓋の耐荷重性</td><td>蓋裏の鋳出し等で耐荷重仕様を目視確認</td></tr>
<tr><td rowspan="6">鉄蓋の
損傷劣化</td><td>外観</td><td>目視の結果と判定写真との比較</td></tr>
<tr><td>がたつき</td><td>車両通過時の音あるいは足踏みによる動き</td></tr>
<tr><td>表面摩耗</td><td>蓋表面の模様深さの計測</td></tr>
<tr><td>腐食</td><td>目視にて確認</td></tr>
<tr><td>部品類の破損、脱落</td><td>目視にて確認</td></tr>
<tr><td>蓋・受枠間の段差</td><td>蓋と受枠間の段差の計測</td></tr>
<tr><td rowspan="3">ボックスの
損傷劣化</td><td>ボックスの破損</td><td>目視にて確認</td></tr>
<tr><td>ボックスのズレ</td><td>目視にて確認</td></tr>
<tr><td>基礎調整部の損傷</td><td>目視にて確認</td></tr>
<tr><td rowspan="2">周辺舗装の
損傷劣化</td><td>周辺舗装の損傷</td><td>目視の結果と判定写真との比較</td></tr>
<tr><td>蓋・周辺舗装の段差</td><td>受枠と周辺舗装間の段差の計測</td></tr>
<tr><td>その他</td><td>ボックス内への土砂堆積、浸水</td><td>目視にて確認</td></tr>
</table>

（3）点検・調査判定基準

点検・調査項目の内、状態把握に関する項目については、目視による確認項目と、計測して確認する項目がある。目視による確認項目については、巡視と同様、判定写真との比較により判定できる準備を行い、計測して確認する項目については、計測すべき位置、計測箇所数等を明確に定めるとともに、判定する状況・状態を明記する必要がある。

点検・調査結果の判定基準は、鉄蓋類の損傷、劣化等の程度に応じて、交通などへ与える危険度を勘案し、下記の３ランクに分類する。

A. 緊急的に措置が必要

現状において危険度が高い、あるいは近い将来において、頻繁な交通量などに伴って劣化が進み、危険度が高くなるおそれがあるなど、早期に取替えなどの措置を必要とするもの

B. 計画的に取替え等の措置が必要

現状において危険度は高くないものの、劣化等の発生が認められることから、今後、計画的に取替えなどの措置を検討するもの

C. 措置不要

特に、不具合などの発生がなく、措置を必要としないもの

A、Bランクは、取替えなどの措置を必要とする範囲を２段階として示した。Aランクは、早期に取替えなどの措置を必要とするものであり、Bランクは、不具合などが比較的軽度であることから、更新計画を立案し、計画的に取替えなどの措置を講じるものである。Cランクは、特に不具合などの発生がなく措置を必要としないものである。

以下に、確認項目ごとの判定基準、及び判定写真の例を示す。

1）蓋の開閉操作性

蓋の開閉操作性の判定例を**表 3.22** に示す。

表 3.22 蓋の開閉操作性の判定（例）

区 分 / 状 況	特殊器具を使用しても開蓋が不可能である	専用器具では開閉が不可能であるが、特殊器具などを使用すれば開蓋が可能である	問題なし
蓋の開閉操作	A	B	C

蓋の開閉作業がスムーズに行えない場合には、バルブの操作に影響を与えることになる。特に緊急性の高い作業が求められる消火栓用の鉄蓋においては、消火栓の操作を含めた一連の作業に時間を要することがあると消火活動の大きな障害となる。

このような原因には、蓋と受枠とのかみ合わせに異常があるケースが多い。判定の結果、専用器具で開蓋が不可能な場合には、ジャッキなどが付加された特殊器具で開蓋可能か確認する。特殊器具で開蓋が不可能な場合には、早期に措置を講じる必要がある。特殊器具で開蓋が可能な場合でも、状況に応じて適切な措置を講じることが望ましい。

2）鉄蓋の耐荷重性

耐荷重性の判定例を**表 3.23** に示す。

表 3.23 耐荷重性の判定（例）

種 類 / 道路区分		T-8	T-14	T-20	T-25
車 道	大型車両の通行が多い	A	B	B	C
	大型車両の通行が少ない	B	C	C	C
歩 道		C	C	C	C

備考 1.「大型車両の通行が多い」とは、車両総重量 20 t を超える大型車の通行が多い道路の車道部

2.「大型車両の通行が少ない」とは、車両総重量 20 t を超える大型車の通行が少ない道路の車道部

道路に設置されている鉄蓋が、道路区分に応じた設計自動車荷重の耐荷重性強度を有するかを判定する。判定の結果、道路区分に応じた耐荷重性強度を下回るような鉄蓋が設置されている場合には、蓋にクラック・割れ等が発生し破損などの要因となるおそれがあるため、

状況に応じて、適切な取替えなどの措置を講じることが望ましい。

〔設計自動車荷重の変遷〕

設計自動車荷重（T 荷重）は、従来の旧道路橋示方書において、１等橋（T-20）が 20t、２等橋（T-14）が 14t に規定されていた。しかし、その後、新道路橋示方書（1994 年改訂）において、これらが（T-25）として一体化されて、その車両総重量が 245kN に規定されている。

歩道及び宅地等では、基本的に車両荷重の載荷がないと考えられるが、車両の乗り上げ時の安全性を考慮し、大型車以外の車両が通行することを想定して道路交通法施行規則により使用区分を T-8 としている。

表 3.24 旧道路橋示方書の T 荷重

橋の等級	荷重	総荷重 W(t)	前輪荷重 0.1W(kg)	後輪荷重 0.4W(kg)	前輪輪帯幅 b_1(cm)	後輪輪帯幅 b_2(cm)	車輪接地長 a(cm)
１等橋	T-20	20	2,000	8,000	12.5	50	20
２等橋	T-14	14	1,400	5,600	12.5	50	20

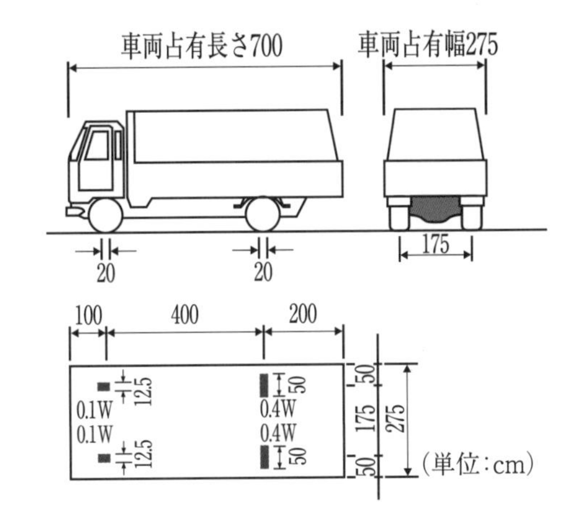

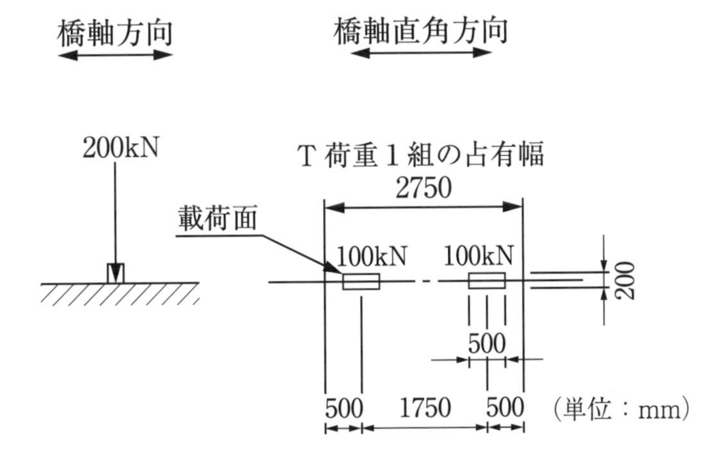

図 3.5 現行道路橋示方書の T 荷重（T-25）

３）鉄蓋の外観（クラック・破損）

鉄蓋の外観（クラック・破損）の判定例を**表 3.25** に示す。

表 3.25　鉄蓋の外観（クラック・破損）の判定（例）

区　分 状　況	有		無
	強度への影響が大きい	強度への影響が小さい	
クラック・欠け	A	B	C

鉄蓋の外観（クラック・破損）については、巡視と同様、目視による判定を行う。

特に車道に設置されている鉄蓋は、車両通行などによる繰返し荷重を受けるため、一部にクラックや欠けが発生すると、大きく破損して事故に発展する危険性があることから、早期に適切な措置を講じることが望ましい。

表 3.26　鉄蓋の外観（クラック・破損）の参考写真（例）

判定	参考写真（例）	
A ランク	受枠、及び蓋外周が削られ破損	受枠上面が破損して脱落
B ランク	軽微な損傷（強度への影響小）	軽微な損傷（強度への影響小）
C ランク	異常なし	異常なし

4）鉄蓋のがたつき

がたつきの判定例を**表 3.27** に示す。

表 3.27 鉄蓋のがたつきの判定（例）

状況＼区分	音や動きのあるもの		音や動きのないもの
	大きい	小さい	
車両通過時・足踏み時	A	B	C

鉄蓋のがたつきについては、巡視同様、蓋の両端を交互に足踏みすることで確認できるが、交通量が多い場合は、車両通行時のがたつき音の有無で判断することもできる。

鉄蓋のがたつきが発生すると、騒音及び交通事故等に繋がるおそれがあり、その状況に応じて早期に適切な措置を講じることが望ましい。

5）鉄蓋の表面摩耗

鉄蓋の表面摩耗の判定例を**表 3.28** に示す。

表 3.28 鉄蓋の表面摩耗の判定（例）

状況＼区分		表面摩耗　大	表面摩耗　中	表面摩耗　小
		残存模様深さ H＜2mm	残存模様深さ 2mm≦H≦3mm	残存模様深さ H＞3mm
車道	一般箇所	A	B	C
	重要箇所	A	A	C
歩　道		A	B	C

備考　重要箇所とは、交差点・カーブ・坂道等、二輪車などのスリップしやすい場所

点検調査における鉄蓋の表面摩耗は、実際の蓋の残存模様深さをデプスゲージ等で測定して判定を行う。

また、巡視の内容と同様、蓋表面をカラー樹脂で充填した識別標示の鉄蓋については、その視認性などの特性を考慮して、別途に判定していくことが望ましい。

なお、上記判定の数値については、「**下水道用マンホールふたの計画的な維持管理と改築に関する技術マニュアル**（(財)下水道新技術推進機構)」を参考とした。

表 3.29 表面摩耗の参考写真（例）

判定	参考写真（例）
Aランク	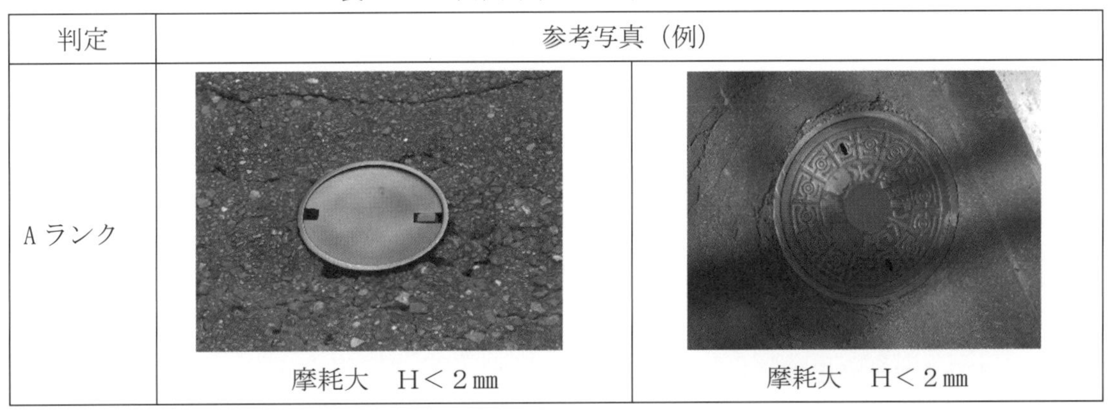 摩耗大　H＜２mm　／　摩耗大　H＜２mm

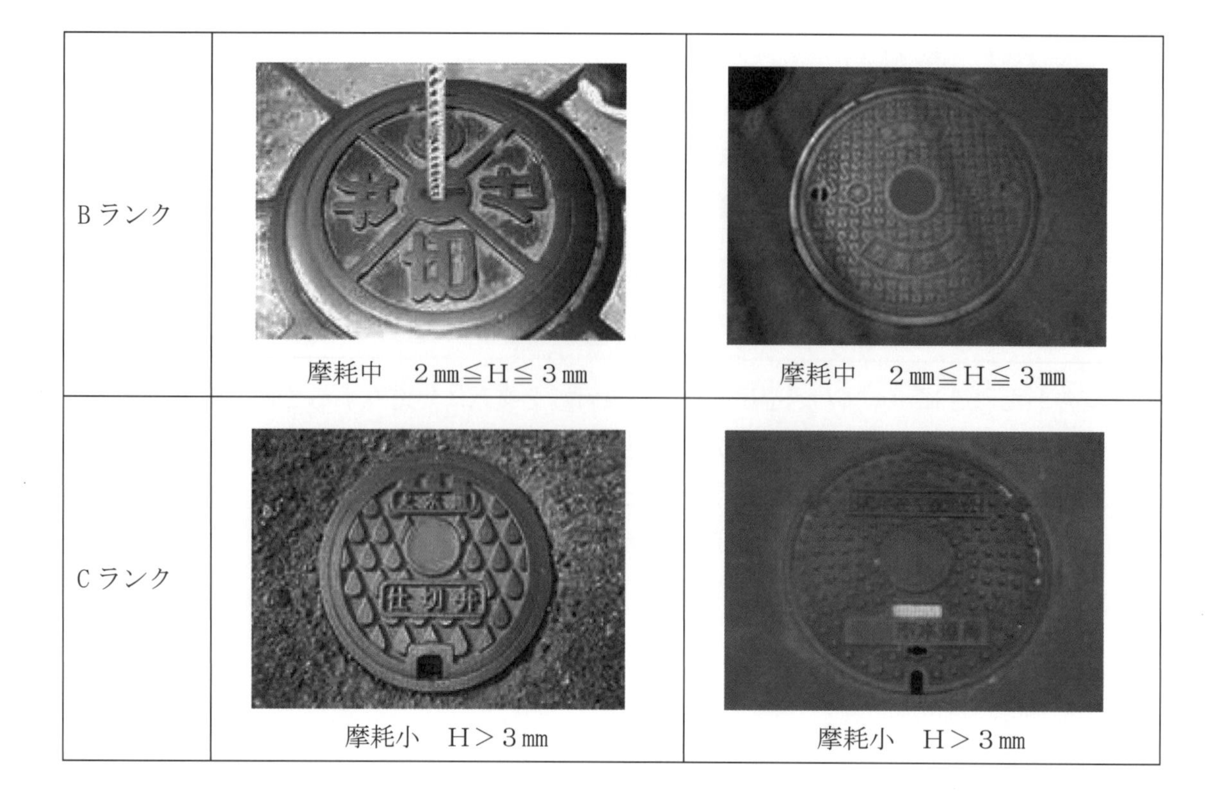

Bランク	摩耗中　２mm≦H≦３mm	摩耗中　２mm≦H≦３mm
Cランク	摩耗小　H＞３mm	摩耗小　H＞３mm

6）鉄蓋の腐食

鉄蓋の腐食の判定例を**表 3.30** に示す。

表 3.30　鉄蓋の腐食の判定（例）

区　分 状　況	有	無
マーク及び文字等の消耗/ 蓋裏面の鋳出しの消耗	B	C

鉄蓋の腐食は、蓋表面マークや文字の消耗、及び蓋裏面の鋳出し等の目視確認により判定する。

海岸地帯などでは、塩害などによって、蓋表面のマークや文字等が極度に腐食され不鮮明となることが多い。そのような場合には、鉄蓋類に収納された機器類を蓋表面のマークなどによって識別することが困難となる。さらに、鉄蓋全体に腐食が進行すると、耐荷重強度が低下し危険性が大きくなる。そのような場合には、腐食の程度に応じて適宜に取替えなどの措置が必要である。

また、蝶番や鎖などの部品類に腐食が進行すると、蓋の開閉操作の支障となり、がたつきや跳ね上がり等の要因となるおそれもあるので、そのような状況への注意や適切な措置を講じること。

なお、鉄蓋の腐食は、通常、長期間にわたって進行するため、定期的に実施する点検によって、事前にその危険性を予知できる。したがって、計画的に取替えなどの措置を講じることで対応が可能と判断した。そのような理由から、判定基準には、早期に取替えなどの措置を必要とするAランクを除いている。

表 3.31　鉄蓋の腐食の参考写真（例）

判定	参考写真（例）	
Bランク	塩害により蓋表面が腐食し、鋳出し表示の消耗及び標示材の剥離が進行	蓋の腐食大
Cランク	腐食なし	腐食なし

7）鉄蓋の部品類の破損、脱落

鉄蓋の部品類の破損、脱落の判定例を**表 3.32** に示す。

表 3.32　鉄蓋の部品類の破損、脱落の判定（例）

区　分 ＼ 状　況	有		無
	蓋が跳ね上がる等の逸脱の危険性が大きい	蓋が跳ね上がる等の逸脱の危険性が小さい	
蝶番部品や鎖等の破損、脱落	A	－	C
その他部品や表示部の破損、脱落	－	B	C

鉄蓋の部品類の破損、脱落については、蓋を開けた際、目視確認により判定する。

蓋と受枠とが連結されてない、あるいは連結箇所に不具合が生じている鉄蓋は、外的衝撃によって蓋が跳ね上がる危険性がある。また、蓋の開閉操作の支障になるので、早期に適切な措置を講じることが望ましい。

表 3.33　鉄蓋の部品類の破損、脱落の参考写真（例）

判定	参考写真（例）	
A ランク	 蓋と受枠の蝶番が破損	 部品の破損があり、危険性が大きい
B ランク	 蓋表面の標示の破損、剥がれ	 蓋表面の情報表示キャップの外れ
C ランク	 部品の破損なし	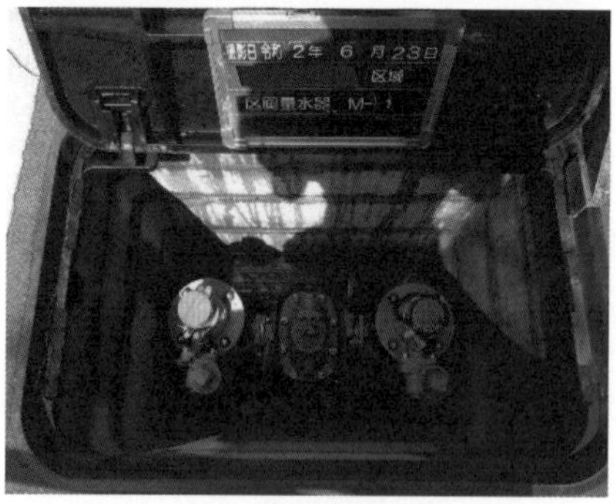 部品の破損なし

8）蓋・受枠間の段差

蓋・受枠間の段差の判定例を**表 3.34** に示す。

表 3.34　蓋・受枠間の段差の判定（例）

区分 ＼ 状況	平受け構造		急勾配受け構造	
	段差 10mm 以上	段差 10mm 未満	蓋の沈み 2 mm以上 蓋の浮き 10mm 以上	蓋の沈み 2 mm未満 蓋の浮き 10mm 未満
蓋・受枠間の段差	A	C	A	C

蓋・受枠間の段差は、デプスゲージ等で測定して判定を行う。

蓋・受枠間の段差については、主として歩行者や車両通行の妨げとなり、また、がたつき等の原因となるため、段差が大きいものは、早期に適切な措置を講じることが望ましい。

蓋が沈んでいる場合、蓋への衝撃荷重が大きくなることによる破損のおそれがある。また、蓋が浮き上がっている場合、二輪車や歩行者等の通行障害の可能性が高くなることから、10㎜ 以上の段差を A ランク判定とするが、除雪車が通行する道路においては、蓋の浮きの基準をさらに低くするなど、現場に応じた判定を行う必要がある。

急勾配受け構造の場合は、２㎜ 以上の蓋の沈みがあると蓋と受枠の棚部が干渉してがたつきや、過剰に蓋が受枠に喰い込んで開放し難くなるなどの問題が生じるおそれがあるため、A ランク判定としている。

なお、上記判定の数値については、「**下水道管路管理マニュアル 2019**（(公社)日本下水道管路管理業協会)」を参考とした。

表 3.35　蓋・受枠間の段差の参考写真（例）

判定	参考写真（例）	
A ランク	平受け　段差 10 ㎜以上（沈み）	急勾配受け　浮き 10 ㎜以上
C ランク	平受け　段差 10 ㎜未満（浮き）	急勾配受け　浮き 10 ㎜未満

9）ボックスの破損

ボックスの破損の判定例を**表 3.36** に示す。

表 3.36　ボックスの破損の判定（例）

区　分 ＼ 状　況	有		無
	強度への影響が大きい	強度への影響が小さい	
ボックスのクラック・欠け	A	B	C

ボックスにクラックや欠け等が発生すると、それが原因となって、ボックス全体及び鉄蓋の破損等につながるおそれがある。また、破損状況によっては、ボックス内に土砂が堆積して、バルブ類の操作に支障をきたすおそれがあるため、早期に適切な措置を講じる必要がある。

表 3.37 ボックスの破損の参考写真（例）

判定	参考写真（例）	
A ランク	 上部壁にクラックが発生	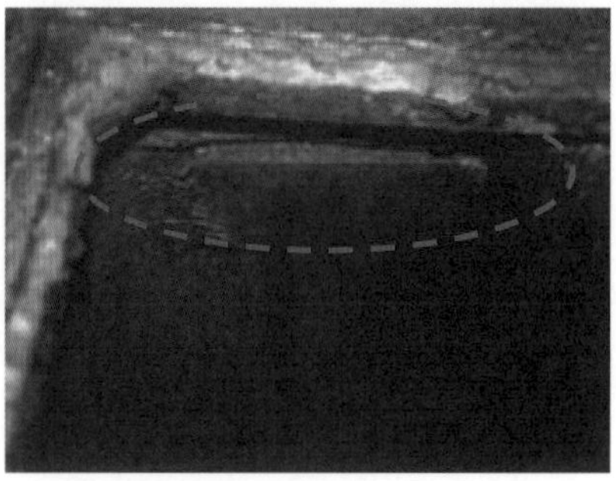 上部壁にクラックが発生
B ランク	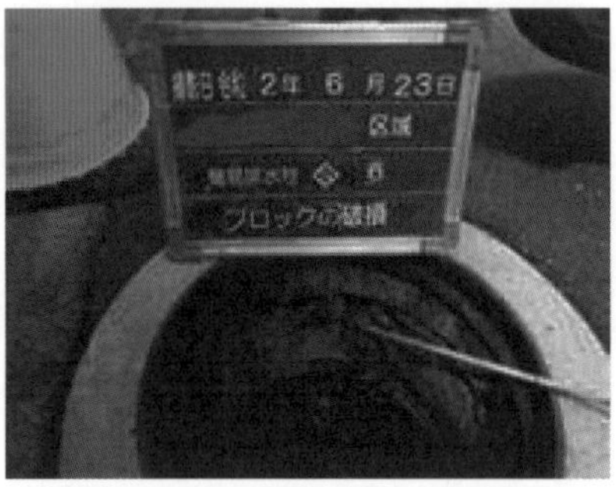 欠けやクラックはあるが、影響小	 欠けやクラックはあるが、影響小
C ランク	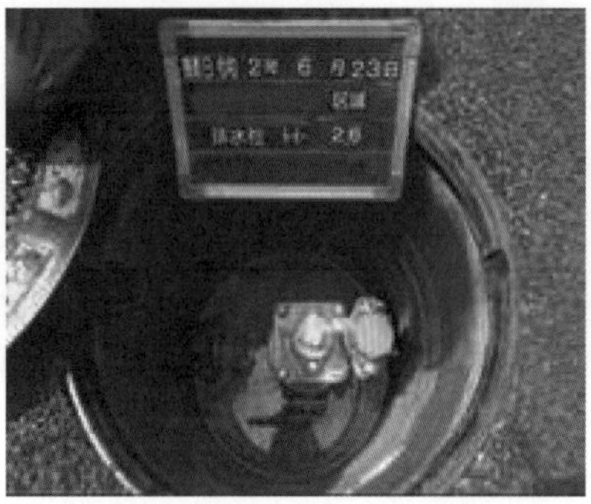 破損なし	 破損なし

１０）ボックスのズレ

ボックスのズレの判定例を**表 3.38** に示す。

表 3.38　ボックスのズレの判定（例）

区　分 ＼ 状　況	有		無
	強度やバルブ類の操作への影響が大きい	強度やバルブ類の操作への影響が小さい	
上部と下部のボックスのズレ	A	B	C

ボックスのズレが発生すると、ボックスの接合部に部分的な偏荷重がかかり、クラック・欠けが発生するおそれがある。

また、ボックスのズレによって鉄蓋の位置などが移動し、バルブ操作に支障をきたす場合や、ズレが生じた箇所からボックス内に土砂が侵入して堆積するおそれがあるため、そのような要因は、適切な措置を講じて早期に排除する必要がある。

表 3.39　ボックスのズレの参考写真（例）

判定	参考写真（例）	
A ランク	 上部壁と中部壁にズレが発生	 上部壁と中部壁にズレが発生
B ランク	 ズレはあるが影響が小さい	 ズレはあるが影響が小さい
C ランク	 ズレなし	 ズレなし

１１）基礎調整部の損傷

基礎調整部の損傷の判定例を**表 3.40** に示す。

表 3.40　基礎調整部の損傷の判定（例）

区分 ＼ 状況	有		無
	受枠を含めた鉄蓋全体にがたつきの動きがあり、鉄蓋周辺の舗装に損傷がある	受枠を含めた鉄蓋全体にがたつきの動きはなく、鉄蓋周辺の舗装に損傷がない	
モルタルの損傷 （クラック・充填不良・欠け等） 調整リングの損傷 （ズレ・クラック・欠け等）	A	B	C

基礎調整部には、モルタルが充填される場合と調整リングが設置される場合がある。

いずれの場合も、基礎調整部の損傷が受枠を含めた鉄蓋全体のがたつきやボックスの破損へ発展するおそれがある。そのため、状況に応じて適切な措置を早期に講じることが望ましい。

表 3.41　基礎調整部の損傷の参考写真（例）

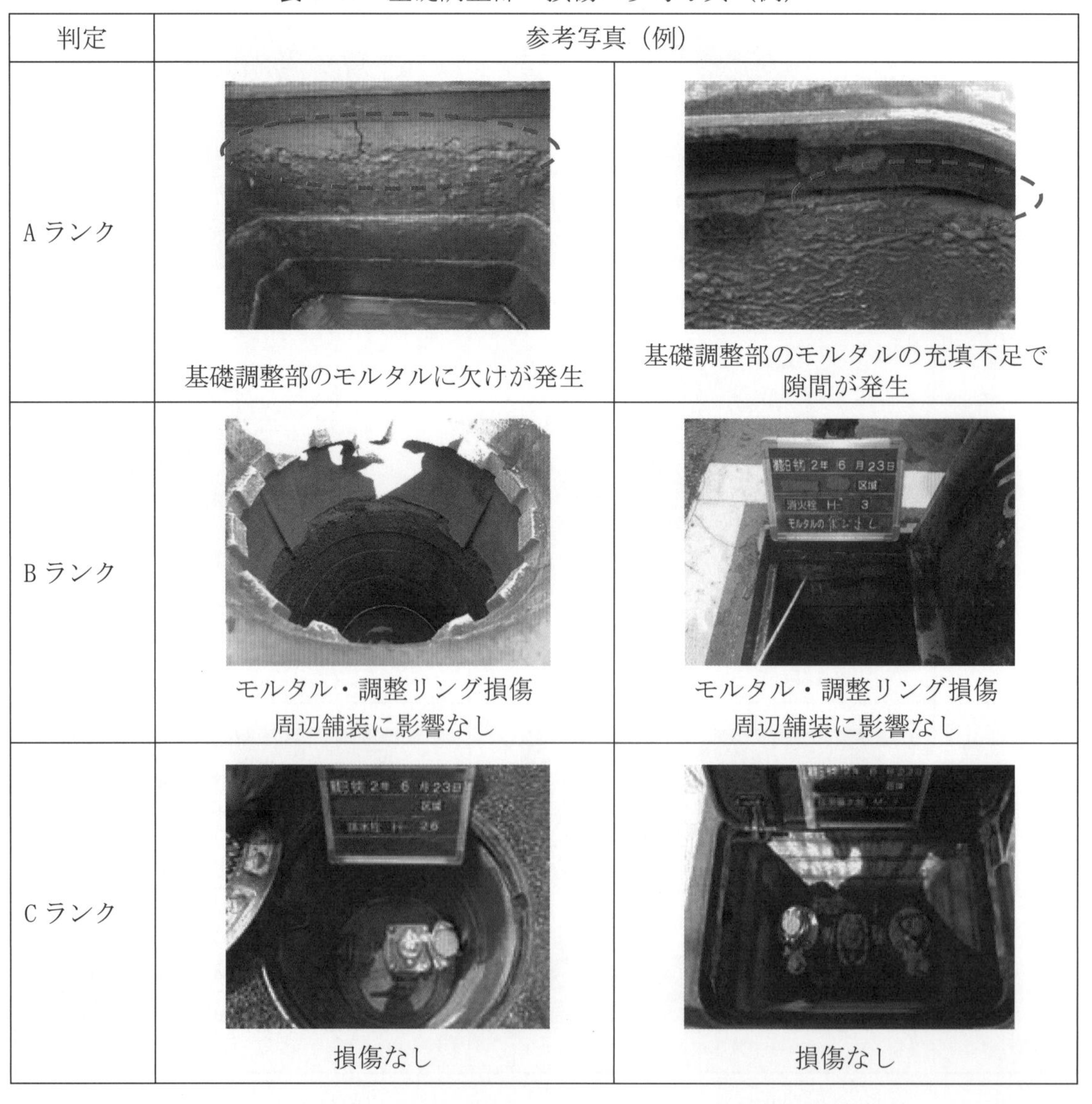

判定	参考写真（例）	
A ランク	基礎調整部のモルタルに欠けが発生	基礎調整部のモルタルの充填不足で隙間が発生
B ランク	モルタル・調整リング損傷 周辺舗装に影響なし	モルタル・調整リング損傷 周辺舗装に影響なし
C ランク	損傷なし	損傷なし

１２）周辺舗装の損傷

周辺舗装の損傷の判定例を**表 3.42** に示す。

表 3.42 周辺舗装の損傷の判定（例）

区　分 ＼ 状　況	有		無
	がたつきやボックスが破損する可能性が高い	がたつきやボックスが破損する可能性が低い	
周辺舗装の損傷	A	B	C

周辺舗装の損傷が発生すると、蓋・受枠毎のがたつきやボックスの破損する可能性が高まる。周辺舗装の損傷が確認された場合は、状況に応じて適切な措置（舗装修繕等）を講じることが望ましい。

表 3.43 周辺舗装の損傷の参考写真（例）

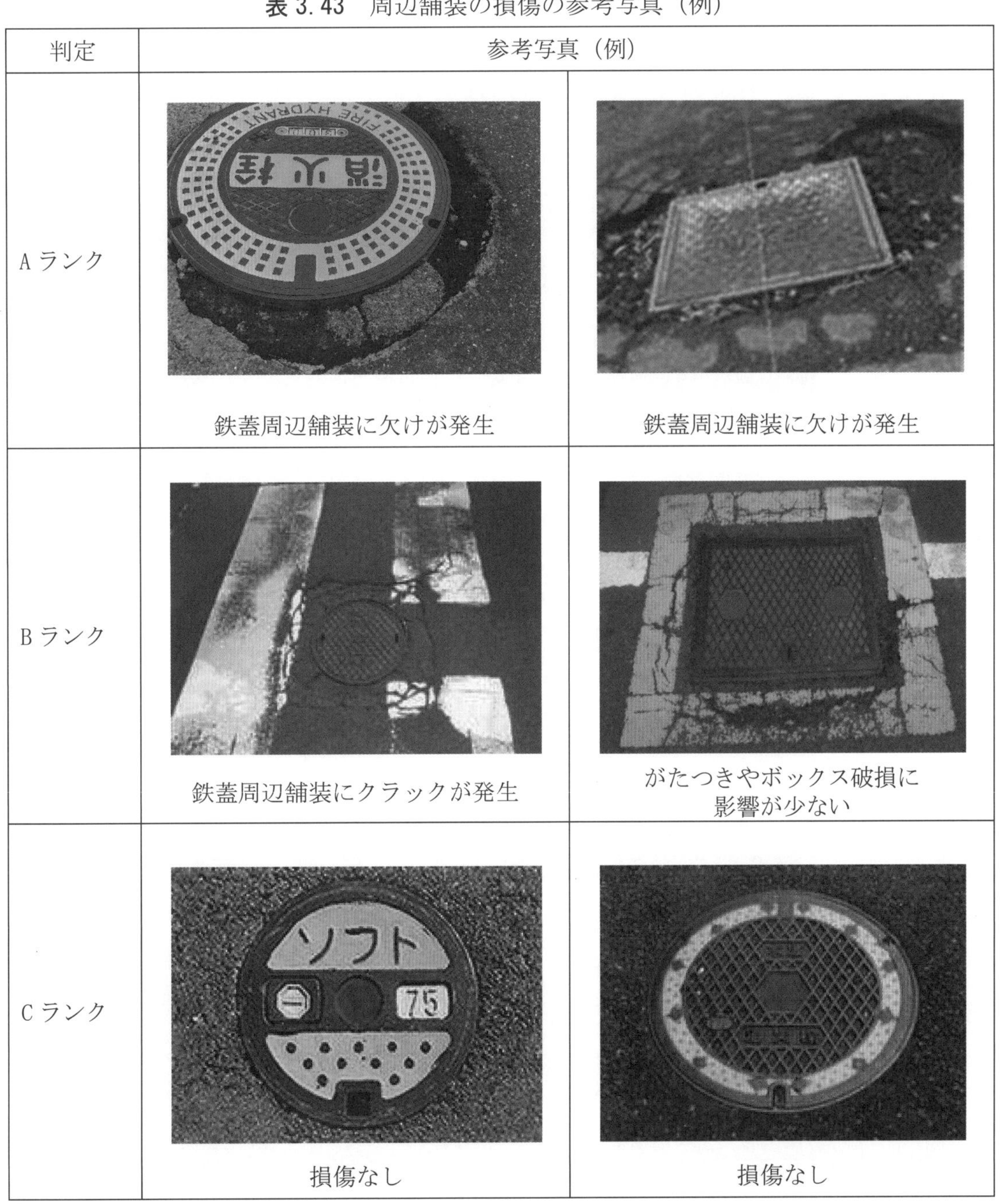

判定	参考写真（例）	
A ランク	鉄蓋周辺舗装に欠けが発生	鉄蓋周辺舗装に欠けが発生
B ランク	鉄蓋周辺舗装にクラックが発生	がたつきやボックス破損に影響が少ない
C ランク	損傷なし	損傷なし

１３）蓋・周辺舗装の段差

蓋・周辺舗装の段差の判定例を**表 3.44** に示す。

表 3.44　蓋・周辺舗装の段差の判定（例）

区　分／状　況	有		無
	がたつきや跳ね上がり等の危険性や車両及び歩行者等の通行への影響が大きい	がたつきや跳ね上がり等の危険性や車両及び歩行者等の通行への影響が少ない	
蓋・周辺舗装の段差	A	B	C

蓋と周辺舗装の段差が生じると蓋のがたつきや跳ね上がり等に発展する可能性や、車両や歩行者等の支障となるおそれがある。段差が確認された場合は、状況に応じて適切な措置（舗装すりつけ、鉄蓋調整部の嵩上げ・下げ等）を講じることが望ましい。

表 3.45　蓋・周辺舗装の段差の参考写真（例）

判定	参考写真（例）	
Aランク	 周辺舗装より鉄蓋が突出	 周辺舗装より鉄蓋が沈下
Bランク	 周辺舗装との段差はあるが、がたつきや跳ね上がりの危険性が小さい	 周辺舗装との段差はあるが、がたつきや跳ね上がりの危険性が小さい
Cランク	 段差なし	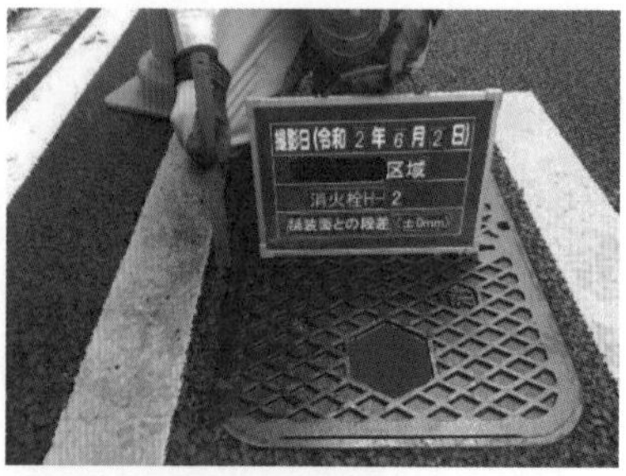 段差なし

１４）ボックス内への土砂堆積、浸水

ボックス内への土砂堆積、浸水の判定例を**表 3.46** に示す。

表 3.46 ボックス内への土砂堆積、浸水の判定（例）

区 分 ＼ 状 況	有		無
	機器類操作時の支障や機器類故障の危険性が大きい	機器類操作時の支障や機器類故障の危険性が小さい	
ボックス内への土砂堆積、浸水	A	B	C

ボックス内に土砂が堆積することで、機器類の操作に支障をきたすおそれがある。また、浸水によって機器類が故障するおそれがある。状況によって清掃や水抜き等の措置を講じることが望ましい。

表 3.47 ボックス内への土砂堆積、浸水の参考写真（例）

判定	参考写真（例）	
A ランク	 ボックス内に水が溜まり バルブの操作に影響がある	 ボックス内に大量に土砂が堆積して バルブの操作に影響がある
B ランク	 ボックス内に水が溜まっているが バルブの操作に影響が小さい	 ボックス内に土砂が堆積しているが バルブの操作に影響が小さい
C ランク	 異常なし	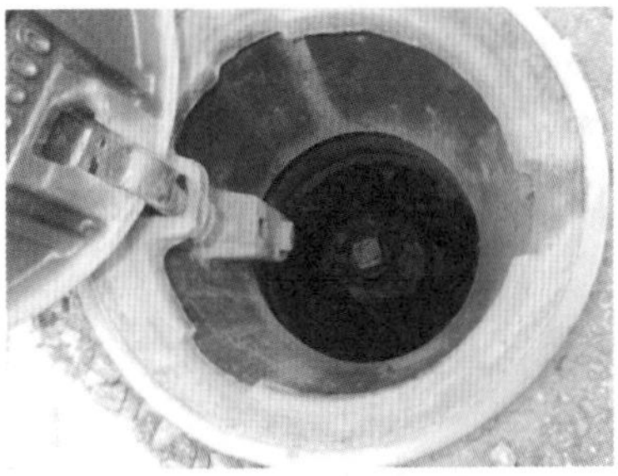 異常なし

（4）点検・調査記録表の例

点検・調査記録表の例を**表 3.48** に示す。

表 3.48　点検・調査記録表（例）

調査日			令和　○年　○月　○○日	天候	○○	記録者	○○ ○○
住所			○○市○○町○○　○○交差点付近				
基本情報	道路情報	道路種別	□国道 □主要道 □一般県道 ☑一般市町村道 □私道 □借用 □その他				
		道路線形	☑直線　□坂道　□カーブ　□交差点				
		占有位置	☑車道〔□わだち ☑車線中央 □路肩 □植樹帯 □中央分離帯〕 □歩道 □その他（　　　　　　　）				
		舗装種別	☑アスファルト □コンクリート □平板 □砂利道 □その他				
		エリア特性（複数選択可）	☑バス通り □重量車両通行多 □ビルピット付近 □その他特記有（　　　　　　　　　　　　　　　　　）				
	管路情報	管路種別	□配水本管 ☑配水支管 □その他（　　　　　）				
		管口径	○○mm	管路埋設深さ	H=○○○mm		
	弁栓情報	バルブの種類	□仕切弁 □バタフライ弁 ☑消火栓 □空気弁 □止水栓 □量水器 □その他（　　　　　　　　　　）				
		弁栓番号	○○○○-○	キャップ高さ	○○　cm		
	鉄蓋情報	鉄蓋類種類	☑鉄蓋（円形○号　　　　）□弁筐（　　　　　　）□その他（　　　　　）				
		耐荷重仕様	☑T-8 □T-14 □T-20 □T-25 □その他（　　　　　　）				
		支持構造	□平受け ☑急勾配受け □その他（　　　　　　）				
		製造年	○○○○年	製造業者名	○○○○○○○○○	型式名	
	下桝情報	材質	☑レジンコンクリート □コンクリート □その他（　　　　　　　　）				
		調整部	☑無収縮モルタル □調整リング □その他（　　　　　　　　　）				

鉄蓋類の状態把握	点検・調査項目		調査記録	調査結果		
				A	B	C
	蓋の開閉操作性					●
	仕様の適合性	鉄蓋の耐荷重性				●
	鉄蓋の損傷劣化	外観（クラック・破損）				●
		がたつき			●	
		表面摩耗	H=　1.5mm	●		
		腐食				●
		部品類の破損、脱落				●
		蓋・受枠間の段差	蓋浮き：1mm			●
	ボックスの損傷劣化	ボックスの破損				●
		ボックスのズレ				●
		基礎調整部の損傷	クラックあり		●	
	周辺舗装の損傷劣化	周辺舗装の損傷	舗装の欠け発生	●		
		蓋・周辺舗装の段差	枠突出 8mm		●	
	その他	ボックス内への土砂堆積、浸水	浸水あり		●	

措置判定	判定結果		判定	措置内容
	A．緊急的に措置必要	応急措置		
		簡易措置		
		緊急取替え工事		
	B. 計画的に取替え等の措置必要		●	更新計画に反映
	C. 措置不要			

3.2.3　鉄蓋類の維持・修繕の実施要領

鉄蓋類の巡視、点検・調査の結果、緊急度の高い場合については、設置環境や劣化状況等を踏まえ、鉄蓋類の取替え又は一時的な処置等の維持・修繕を行う必要がある。

【解説】

鉄蓋類の維持管理において、巡視、点検・調査の結果を基に計画を策定し、更新していくことが最も効率的かつ経済的であるが、機能回復に緊急性を有する場合においては緊急取替工事等の維持・修繕を行う必要がある。

維持・修繕の方法としては、以下のものがある。

①応急措置

応急措置とは、鉄蓋類の損傷、劣化等の不具合を、「②簡易措置」又は「③緊急取替工事」により、正常な機能状態に戻すまでの間、一時的に危険を回避するために行う措置のこと。((１) ～ (３) の応急措置方法を参照)

②簡易措置

簡易措置とは、鉄蓋類に不具合が発生していても、製品全体を取り替えることなく、部品類の交換などによって、正常な機能状態に戻す措置のこと。

例）破損した蝶番や閉塞蓋の部品交換

③緊急取替工事

簡易措置では性能の維持、復旧が困難な場合は、計画的な更新時期を待つことなく緊急で鉄蓋類の取替え工事を行う必要がある。

鉄蓋類の取替え工法としては、緊急工事等で鉄蓋のみを取り替える場合に採用可能な円形工法も普及しつつあり、状況に応じて適切な工法を選定して取替え工事を行う。(「(４) 鉄蓋類の取替え工法」を参照)

なお、鉄蓋類の措置の結果を記録・保管した上で更新計画に反映する必要がある。

(１) 蓋のがたつきの修繕方法（応急措置）

１) 平受け構造の場合

平受け構造の蓋のがたつきは、受枠の支持面の摩耗によって発生することが多い。その場合には、以下に示す応急措置を講じる。

①すりつけ加工

グラインダーなどを使用して、蓋下面及び受枠棚上面を削って、すりつけを調整して蓋のがたつきを抑える。

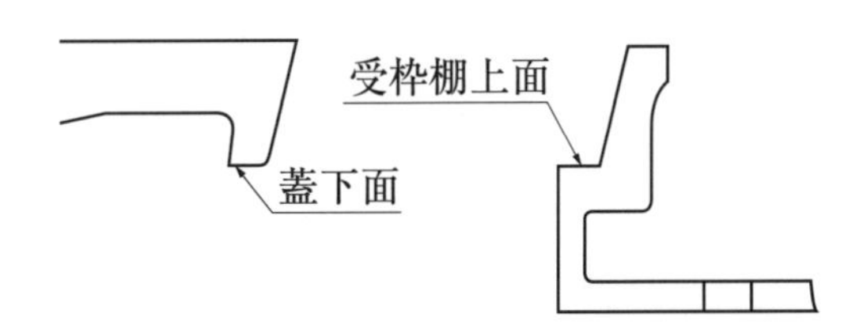

図 3.6　平受け構造のすりつけ加工（応急措置）

②樹脂充填

蓋の支持面及び蓋と受枠との隙間に樹脂を塗布することによって、蓋を動かないように固定し、がたつきを抑える。

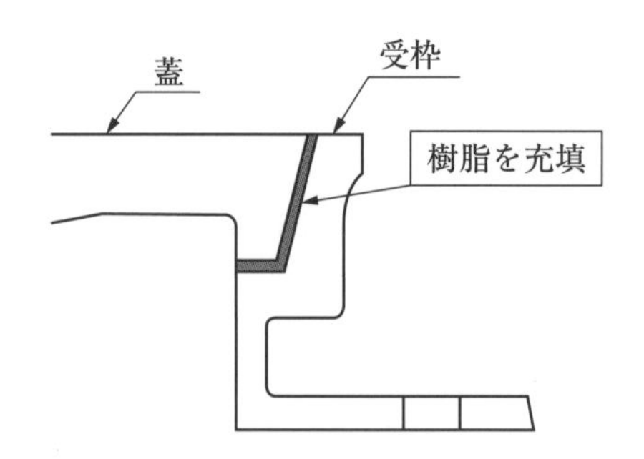

図 3.7　平受け構造の樹脂充填（応急措置）

2）急勾配受け構造の場合

急勾配受け構造の鉄蓋のがたつきは、受枠が変形して発生することが多い。この場合には、以下に示す応急措置を講じる。

①すりつけ加工

受枠の内径が楕円形に変形し、短径側が支点となって蓋にがたつきが発生している場合は、グラインダーなどの工具を使用して、支点部を削って、すりつけを調整し、がたつきを抑える。

なお、このような措置によっても、がたつきが解消されない場合は、「②点付溶接及びすりつけ」の作業を実施する。

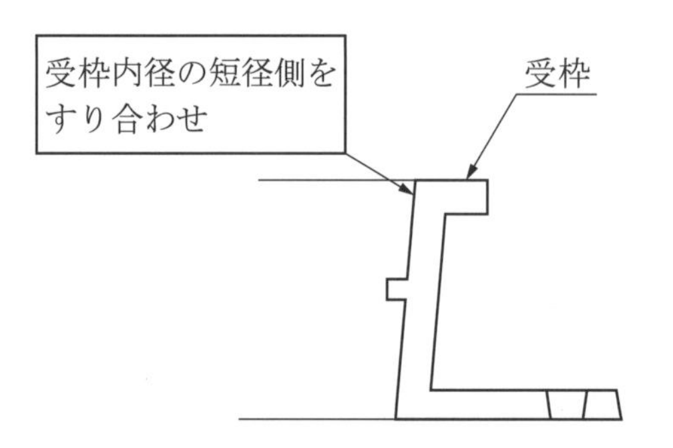

図 3.8　急勾配受け構造のすりつけ加工（応急措置）

②点付溶接及びすりつけ

楕円に変形した受枠の長径側で、蓋の外周面と受枠の内周面に隙間が生じてがたつきが発生しているケースでは、受枠の内周面に数箇所の点付溶接を行った後、グラインダーなどですりつけ調整して蓋の動きを抑える。

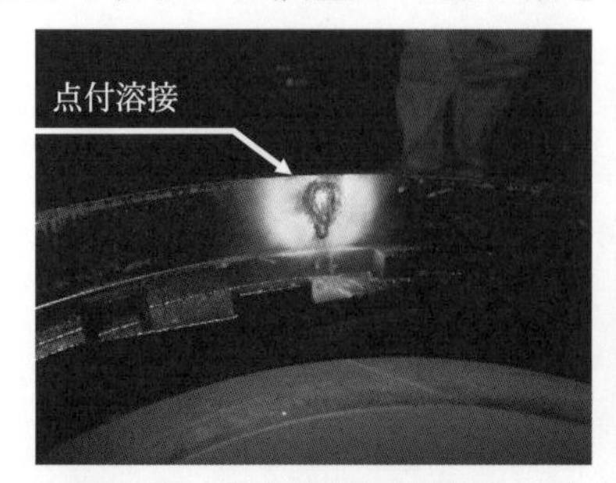

図 3.9　急勾配受け構造の点付溶接によるすりつけ加工

ただし、受枠棚上面に蓋の下面が底当りしている鉄蓋、すなわち急勾配受け構造の機能が失われている場合には、平受け構造の蓋と同じ樹脂充填による方法で応急措置をする。（図 3.7 参照）

なお、これらの蓋のがたつき修繕については、あくまでも一時的な危険回避としての応急措置であり、特に交通量の多い車道部等に設置された鉄蓋については、緊急工事等で早急に取替え・更新を行う必要がある。

蓋のがたつきは、騒音の発生や、蓋が飛散して交通事故などに繋がるおそれがあり、その要因としては、蓋の支持構造の不均衡や、鉄蓋据付け時の受枠固定用ナットの締め過ぎによる受枠の変形がある。

蓋の支持構造の不均衡は、平受け構造の鉄蓋に発生する。車両の繰返し荷重によって蓋と受枠との支持部分が摩耗して、支持構造が不均衡となって発生するがたつきである。取替え工事の施工に当たっては、急勾配受け構造の鉄蓋に取り替える。

受枠の変形によるがたつきは、受枠と上部壁をボルト緊結する際に、固定ナットの締め過ぎにより受枠が変形して発生する。また、高さ調整金具を使用する場合、種類によっては蓋が正常にかみ合わず、がたつきが発生することもある。（図 3.10 参照）

取替え工事の施工に当たっては、固定ナットを締め過ぎても受枠の変形が発生しない機能を有する高さ調整用部材を使用する。（図 3.11 参照）

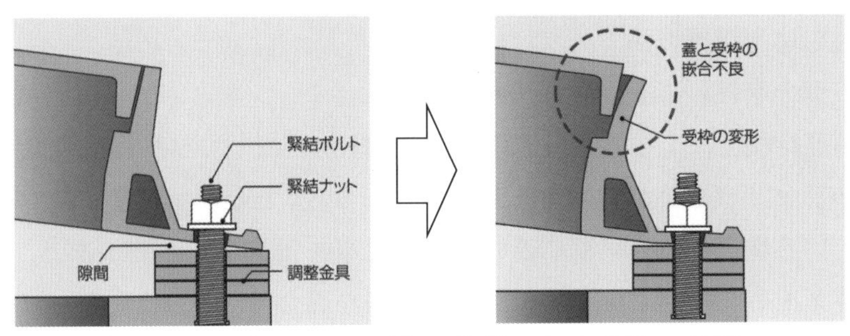

図 3.10 固定ナットの締め過ぎによる受枠の変形

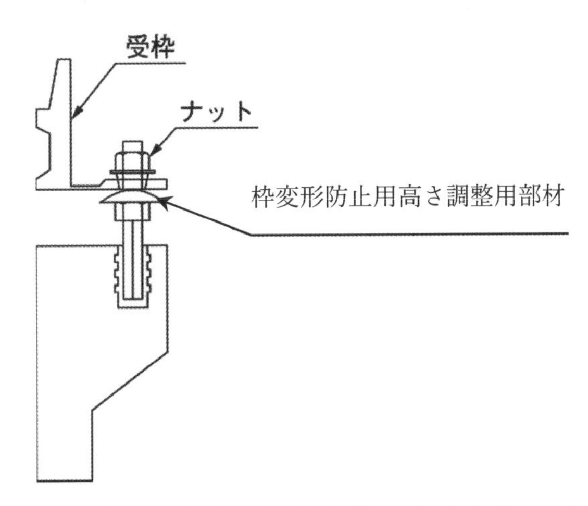

図 3.11 枠変形防止用高さ調整用部材の取付け状況（応急措置）

（2）基礎調整部の修繕方法（応急措置）

基礎調整部（モルタル充填式）に部分的な欠け・充填不良・クラック等が発生している場合は、破損箇所に早強性のモルタル又は樹脂モルタル等を充填する。

調整部が大きく破損している場合には、受枠を含めた鉄蓋全体のがたつきが発生している場合があるので、緊急取替え工事として修繕する必要がある。

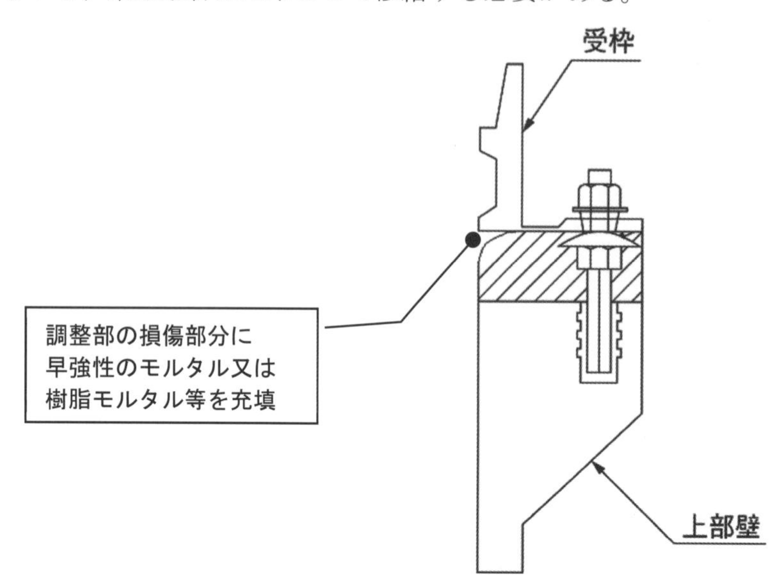

図 3. 12　基礎調整部の修繕方法（応急措置）

（3）その他の応急措置方法

1）蓋表面の摩耗の応急措置方法

車両通行などによって蓋表面の模様が摩耗すると、すべり抵抗が低下して二輪車などのスリップ事故等が発生するおそれがある。したがって、蓋表面の模様の摩耗が進行している場合には、早期に蓋の取替え工事を実施する必要がある。

取替え工事を早期に実施することが困難な場合は、応急措置として、防滑材を塗布する方法がある。この措置は、鉄蓋の鋳出し表示やカラー標示の視認性が低下することや、防滑材の耐久性が低いことから、早期に蓋の取替え工事を実施することが望ましい。

なお、交差点・カーブ・坂道等、特に二輪車のスリップ事故の発生しやすい場所の取替え工事においては、スリップ防止型の鉄蓋の設置が望ましい。

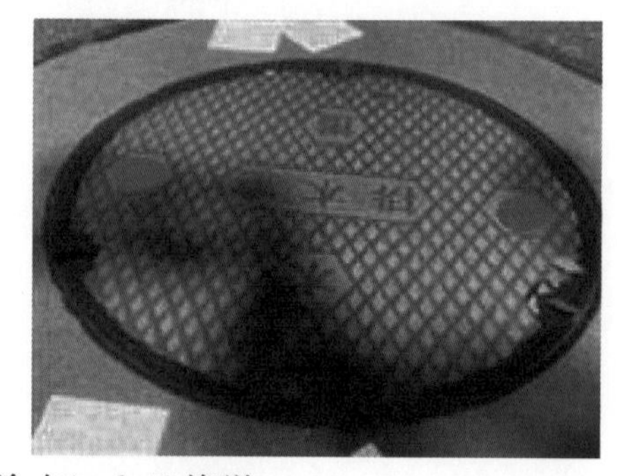

図 3. 13　防滑材塗布による修繕

2）受枠と路面の段差の修繕方法（舗装のすりつけ）

受枠と路面の段差が確認された場合は、応急的措置として、アスファルト舗装補修材による舗装すりつけを行う方法がある。

舗装補修材は、舗装路面とのすりつけを比較的容易に行えるが、耐久性が低い場合があるため、早期に十分な強度を持つ舗装材による舗装修繕工事を行うことが望ましい。

段差解消の目安としては、「**建設工事公衆災害防止対策要綱の解説**」の「第26 仮復旧期間における車両通行のための路面維持」に記載されている「やむを得ない理由で段差が生じた場合は、５パーセント以内の勾配ですりつけなければならない。」等を参考として対処する。

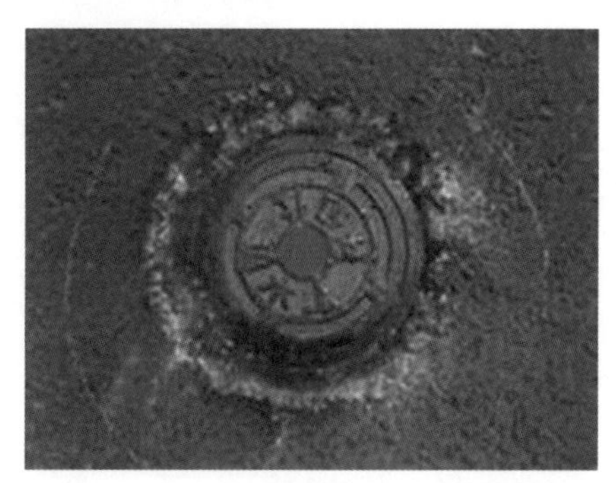

図 3.14 受枠と路面段差の修繕（応急措置）事例

このような段差が発生する要因としては、鉄蓋の据付け時に鉄蓋と周辺舗装との高さ調整が十分に行われていない、あるいは、基礎部の施工が不十分なため、鉄蓋類全体の沈下が発生している等が考えられる。いずれも、当初の鉄蓋据付け時の不適切な施工が要因となっていることが多い。したがって、修繕に当たっては、次のような事項に十分注意する必要がある。

高さ調整が十分に行われていない場合： 高さ調整用金具をボルトに装着し、鉄蓋と舗装との高さ調整を正確に行う。なお、例外として積雪地域では、除雪車の作業に影響を及ぼさないように、鉄蓋を周辺舗装の高さより下げて設置する場合がある。

鉄蓋類全体の沈下が発生している場合： 基礎地盤の土質に応じて、砕石又は栗石等を敷均して、十分な転圧、締固めを行い、鉄蓋類を再設置する。

鉄蓋周辺舗装の損傷が発生している場合： 歩行者及び車両通行の支障となるため、早急な措置が必要である。

鉄蓋周辺舗装の損傷が発生する要因としては、受枠と上部壁とのボルトの締めつけが不十分であり、受枠を含めた鉄蓋全体にがたつきが発生して、それが周辺舗装に悪影響を与えていることがあげられる。

したがって、修繕に当たっては、ボルトを使用して受枠と上部壁を確実に締めつけるとともに、その間に隙間なく無収縮モルタル等を充填し、強固な調整部とする必要がある。

（4）鉄蓋類の取替え工法

鉄蓋類の取替え工法に関して、その施工手順、作業内容、作業上のポイントを示す。

なお、鉄蓋類を取り替える際には、従来鉄蓋の周辺の舗装を方形に切断、除去する方法（開削工法）を用いていたが、近年、鉄蓋のみを取り替えるケースでは、専用の機器を用いて周辺舗装を円形に切断、除去する方法（円形工法）が普及しつつあり、迅速な取り替えが可能である。

1）開削工法の例（鉄蓋、ボックスを取り替えるケース）

施工手順	作業内容	作業上のポイント	作業状況（参考）
1．舗装切断	■切断線のマーキング ■ロードカッターにより切断	＊埋戻しの際にボックス周辺を十分にランマー等で転圧できる必要な面積を設定する。	
2．掘削	■舗装撤去 ■路盤掘削 ■山留め	＊掘削深さによっては山留めが必要となる。	
3．既設製品撤去	■既設のボックス及び鉄蓋の撤去		
4．基礎部施工	■栗石又は砕石を敷均し ■ランマー等で転圧 ■砂の敷均し	＊地盤などを考慮して、基礎部の材料及び厚みを設定する。 ＊ランマー等で十分に転圧を行う。	
5．ボックスの設置	■底版を設置 ■下部壁、中部壁、上部壁を設置	＊部材の接合面は清掃を行い、接合材を充填する。	
6．受枠の設置	■ボルトの装着 ■高さ調整用金具の取付け ■受枠の設置 ■ナットの取付け	＊高さ調整用金具を用いて周辺舗装と鉄蓋との高さの整合性を図る。 ＊受枠のがたつきが発生しないように注意してナットを締め込む。また、ナットの緩み止め用部品を併用する。	
7．基礎調整部の施工	■型枠の装着 ■無収縮モルタルの混練及び流し込み	＊基礎調整部にモルタルが確実に充填されていることを確認する。	

8．蓋の設置	■蓋の受枠への取付	＊標示鉄蓋の場合、舗装作業時にカラー樹脂部に異物の付着や損傷が発生しないように、あらかじめ蓋表面を防護しておく必要がある。	
9．埋戻し	■所定の高さごとにボックス周辺の均等な埋戻し	＊ボックスのズレの原因となるような一方向からの埋戻しは行わない。 ＊ランマー等の転圧作業の際、ボックスに接触しないように注意する。	
10．舗装	■所定の厚さごとに入念な舗装施工	＊表層材料に応じてランマー等での転圧により、周辺舗装と段差が生じないように仕上げる。	

2）円形工法の例（鉄蓋のみを取り替えるケース）

施工手順	作業内容	作業上のポイント	作業状況（参考）
1．着工前準備	■受枠高さ、調整高さの確認 ■周辺舗装の状態の確認 ■上部壁の種類確認 ■切断径の選定	＊既設鉄蓋の受枠高さや調整高さ、周辺舗装の状態などを確認し、適切な切断径を選定する。 ＊可能であれば上部壁ごとの交換が必要かどうかを事前に確認し、必要な材料を準備する。	
2．舗装切断	■センタリング治具の設置 ■円形切断カッターによる切断	＊舗装切断後の掘削、ボックスの撤去･設置、埋戻しに必要なスペースを確保できる径のブレードを選択する。	
3．掘削	■舗装撤去 ■路盤掘削	＊製品撤去後にボックス内に土砂が入り込まないように、残すボックス上面から 10cm 程低い位置まで掘削する。	
4．既設製品撤去	■既設の鉄蓋/上部壁の撤去	＊下記の状況においては、上部壁ごとの撤去交換を行う。 ・新設の鉄蓋と互換性がない ・インサートナットがない ・後施行のアンカーが設置できない	

5．ボックスの設置	■上部壁/アダプター等の設置	＊上部壁と下部壁がぐらつかないよう、接着等により確実に固定する。 ＊既設のボックスと新設のボックスの互換性がない場合は、アダプター等を使用する。	
6．受枠の設置	■ボルトの装着 ■高さ調整用金具の取付け ■受枠の設置 ■ナットの取付け	＊高さ調整用金具を用いて周辺舗装と鉄蓋との高さの整合性を図る。 ＊受枠ごとのがたつきが発生しないように注意してナットを締め込む。また、ナットの緩み止め用部品を併用する。	
7．基礎調整部／路盤材の施工	■型枠の装着 ■路盤材（無収縮モルタル）の混練及び流し込み ※道路管理者の指示に従う	＊基礎調整部にモルタルが確実に充填されていることを確認する。	
8．蓋の設置	■蓋の受枠への取付	＊標示鉄蓋の場合、舗装作業時にカラー樹脂部に異物の付着や損傷が発生しないように、あらかじめ蓋表面を防護しておく必要がある。	
9．舗装	■所定の厚さごとに入念な舗装施工	＊表層材料に応じてランマー等での転圧により、周辺舗装と段差が生じないように仕上げる。	

※円形工法には様々な種類があり、必要な機械器具や使用材料がそれぞれ異なることから、現場条件に応じて選定し、手順や要領を確認した上で適切に施工する必要がある。

3.3　維持管理上の留意事項

3.3.1　蓋の開閉作業上の留意事項

蓋の開閉作業においては、必ずそれぞれの構造に合わせた専用の器具を使用する。

【解説】

蓋の開閉作業は、通常、バルブの操作・点検等に伴い行われ、それぞれの製品に合わせて専用器具が開発されている。専用器具を使用することなく作業を実施すると、手を挟み込むなどの事故を発生させるおそれがある。また、蓋の開閉方法については、鉄蓋の構造（平受け方式と急勾配受け方式）によって多少の違いがあることから、それぞれの構造に合わせた専用器具を使用し、適切な手順で開閉作業を行う。

平受け方式では、専用器具を用いて蓋を上方に持ち上げて開ける。その際に、蓋と受枠の間に土砂が詰まって喰い込んでいると、蓋が簡単に持ち上がらない場合がある。その際は、蓋をプラスチックハンマー等で叩き、衝撃で土砂の詰まりを緩めて持ち上げるようにする。

また、蓋や受枠の損傷防止や、特に夜間に開閉作業を行う場合には騒音に対する配慮が必要であり、緩衝材を使用する等の対策が必要である。

急勾配受け方式では、専用器具を使用して、蓋の受枠への喰い込みを解除した後に、蓋を上方に持ち上げて開ける。

蓋を閉める場合には、平受け方式、急勾配受け方式ともに、蓋と受枠の接触面に付着した土砂を事前に十分清掃しておく必要がある。土砂が詰まった状態で蓋を閉めると、蓋と受枠とのがたつきが発生するとともに、摩耗などが促進されて製品の寿命を短縮させることに繋がる。

以下に急勾配受け方式の鉄蓋の開閉方法の例を記載するが、本マニュアルに記載の開閉方法は標準的なものが記載されており、詳細については、各水道事業者で使用されている開閉操作手順書や取扱いマニュアルなどを確認した上で作業を行う必要がある。

○急勾配受け方式の鉄蓋の開閉方法（例）

蓋の喰い込み解除		
①　専用開閉器具の挿入	②　開閉器具の 90°回転	③　開閉器具の引き寄せ
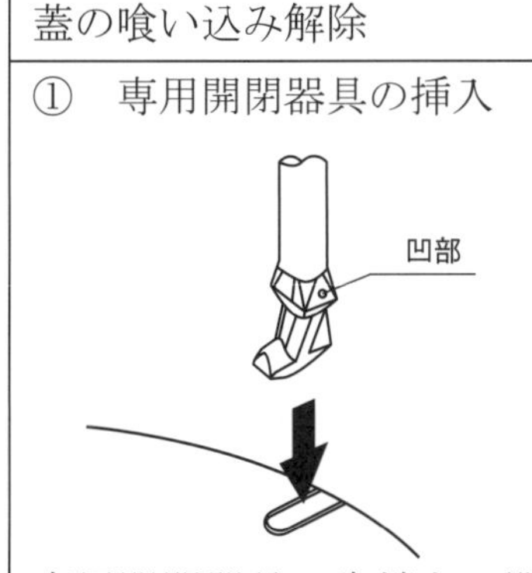	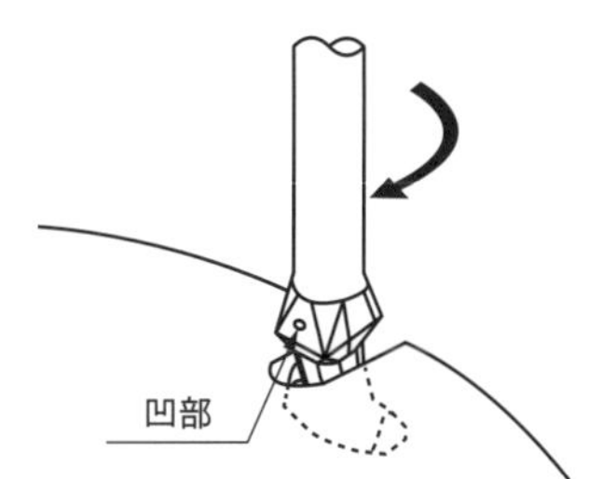	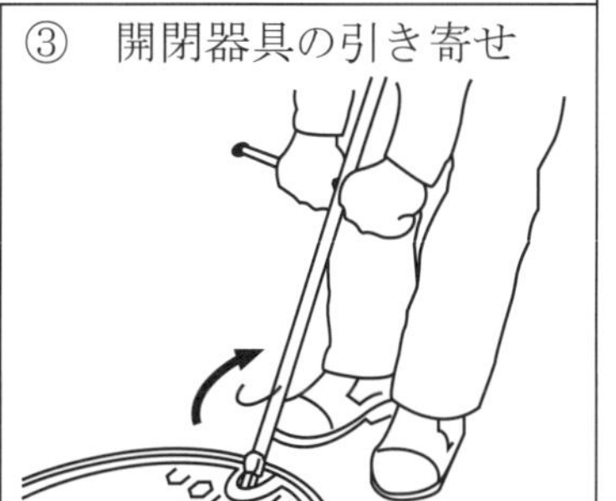
専用開閉器具の先端を、開閉器具差し込み穴に差し込む。	先端部の凹印面が蓋の中心側になるよう、90°回す。	専用開閉器具を手前に引き寄せる。

④　蓋の喰い込み解除

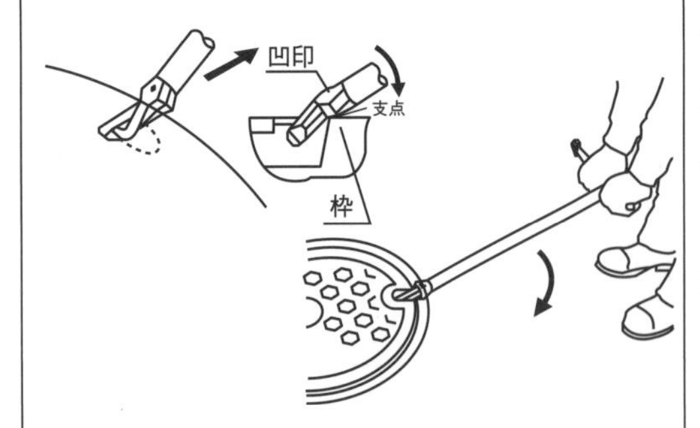

先端部の支点を受枠の上端の角に合わせ、そのまま専用開閉器具を押し下げて、テコの原理を利用して蓋の喰い込みを解除する。

⑤　蓋の引き出し

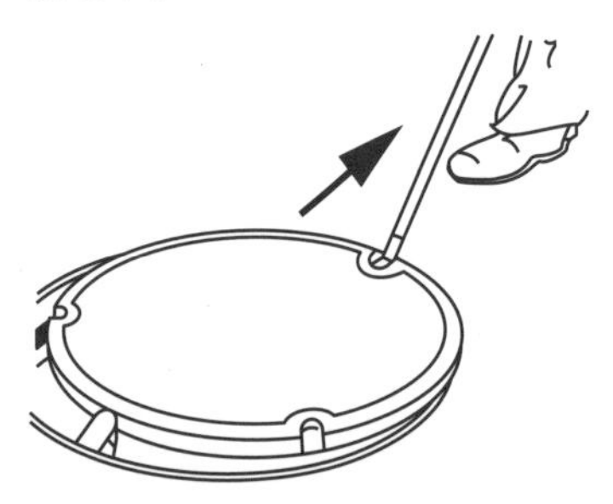

専用開閉器具を差し込んだ状態のまま、蓋を手前斜め上方に持ち上げ、蝶番の長さいっぱいに蓋を引き出す。

<蓋の喰い込みが強く喰い込み解除し難い場合>

左記のとおりの通常の操作方法で蓋の喰い込みが解除できない場合、左右の補助バール穴を利用して、2 本以上の開閉器具を使用して喰い込みを解除する方法がある。

また、専用開閉器具を使用する以外にも、専用ジャッキを使用して解放する方法もあるが、その場合、蓋が破損したり、周辺舗装を損傷したりしてしまう可能性もあることから、注意して使用する必要がある。

A．水平旋回による蓋の開け方（円形鉄蓋の場合）

⑥-A　蓋の水平旋回

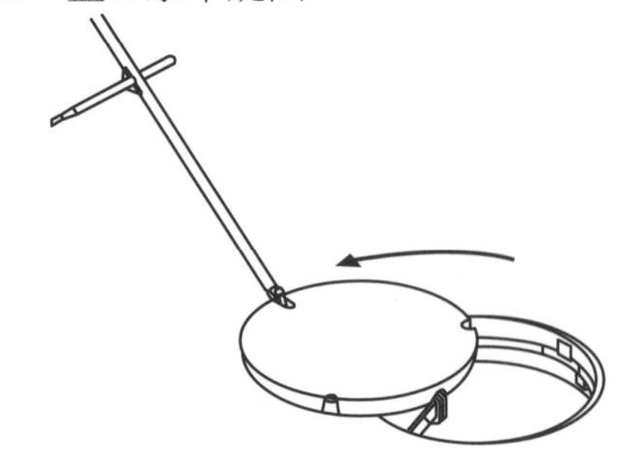

蓋を手前に軽く引いた状態で蝶番を中心に水平旋回し、180° 開放する。

⑦-A　専用開閉器具の抜き取り

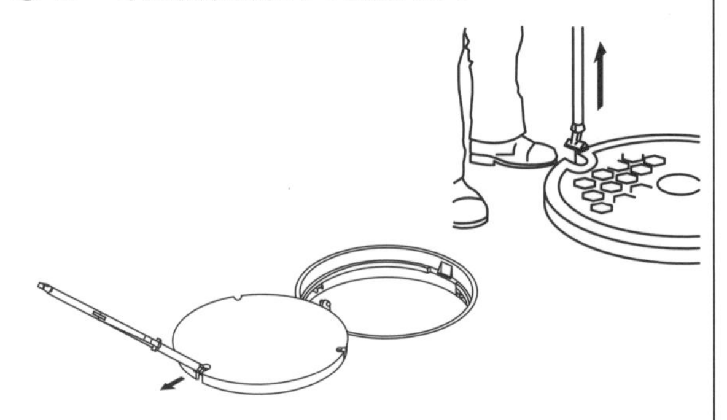

180° 水平旋回後、専用開閉工具の先端を 90° 回して工具を抜き取る。

A．水平旋回による蓋の閉め方（円形鉄蓋の場合）

⑧-A　勾配面の清掃

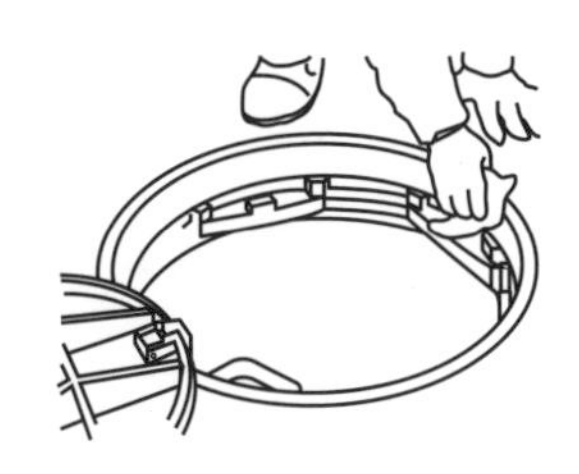

蓋を閉める際は、蓋と受枠の勾配面を清掃し、土砂等の異物を除去する。

⑨-A　専用開閉器具の挿入

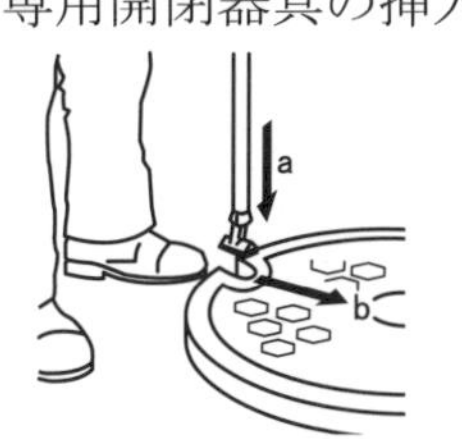

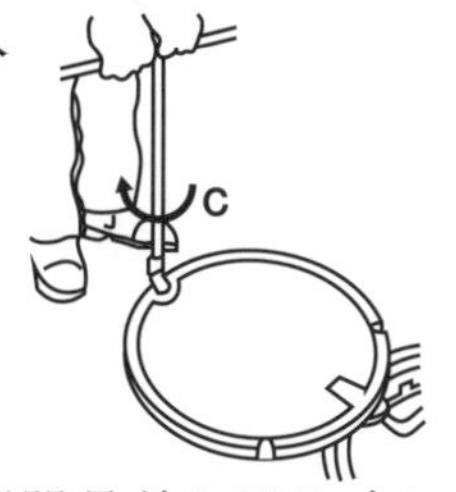

専用開閉器具の先端を開閉器具差し込み穴に差し込み(a)、蓋中心方向へスライドさせる(b)。その位置で開閉操作器具を 90°まわす(c)。

⑩-A　蓋の水平旋回

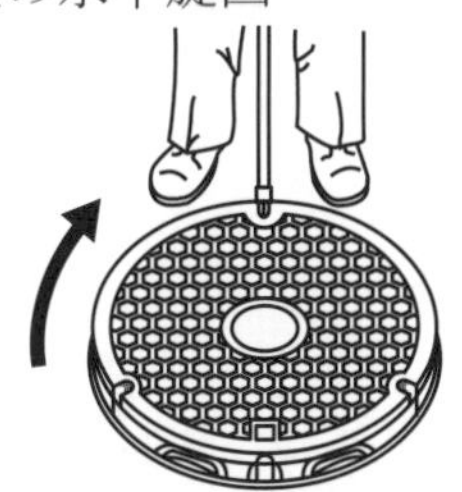

専用開閉器具で蓋を持ち上げながら旋回し、蓋を引き出した位置に移動させる。

⑪-A　蓋の送り込み

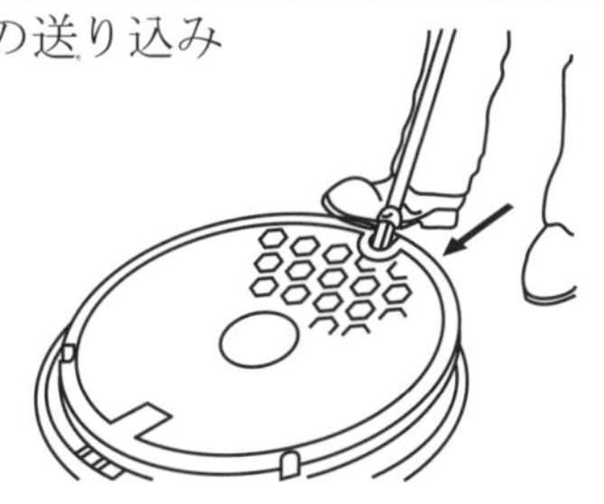

専用開閉器具で蓋を持ち上げて、足で蓋を押しながら受枠内に静かに蓋を収める。

⑫-A　専用開閉器具の引抜き

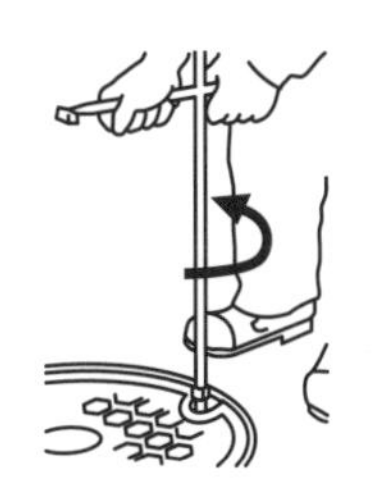

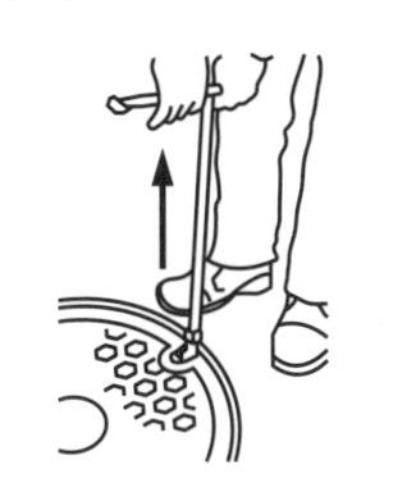

専用開閉器具を 90°回転させ、開閉器具差し込み穴から抜き取る。

⑬-A　蓋を喰い込ませる

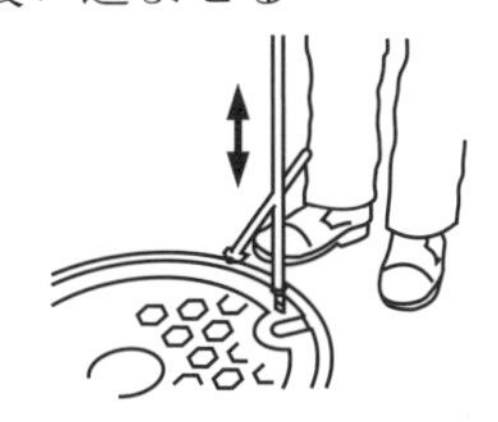

蓋に浮き上がりがなく受枠に水平に収まるよう、蓋外周を開閉器具で軽く叩いてレベル調整しながら、蓋を受枠に喰い込ませる。

B．垂直転回による蓋の開け方（円形鉄蓋、角形鉄蓋の場合）

⑥-B　専用開閉器具の抜き取り

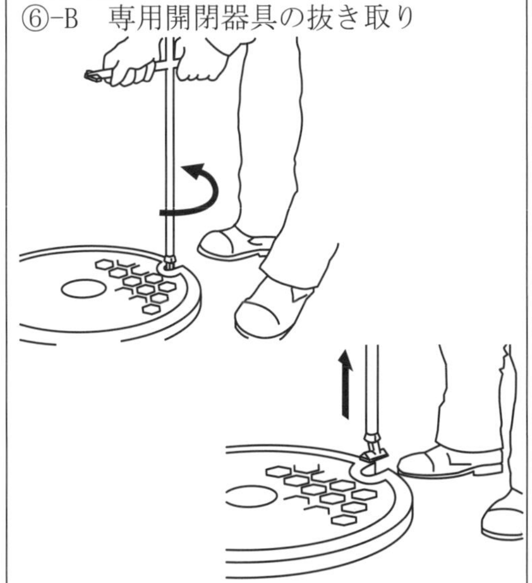

⑤の蓋を引き出した状態で、専用開閉工具の先端を 90°回して工具を抜き取る。

⑦-B　蓋の垂直転回

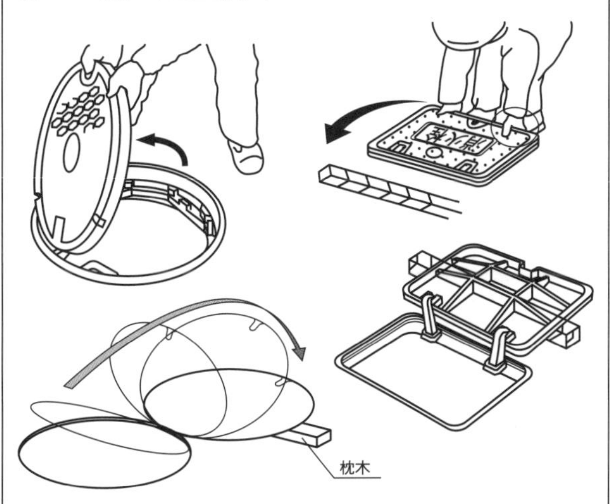

蓋の縁に手をかけ、蝶番を支点に蓋を垂直転回させ、蓋を静かに倒す。この時を手や指を挟まないように、蓋と地面の間に枕木などを敷いておく。

<table>
<tr><td colspan="2">Ｂ．垂直転回による蓋の閉め方（円形鉄蓋、角形鉄蓋の場合）</td></tr>
<tr><td>⑧-B　勾配面の清掃
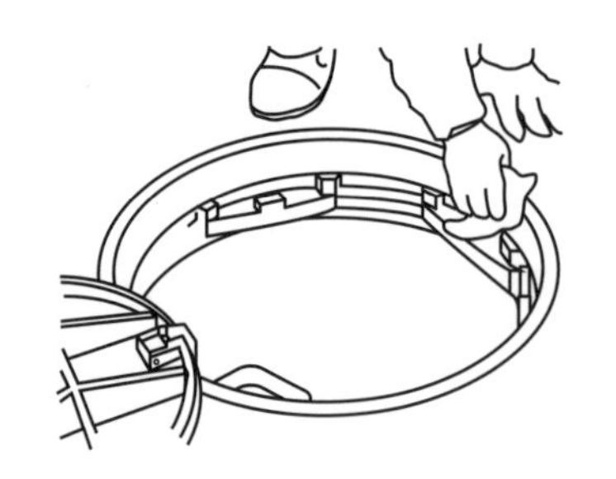
蓋を閉める際は蓋と受枠の勾配面を清掃し、土砂等の異物を除去する。</td><td>⑨-B　蓋の垂直転回
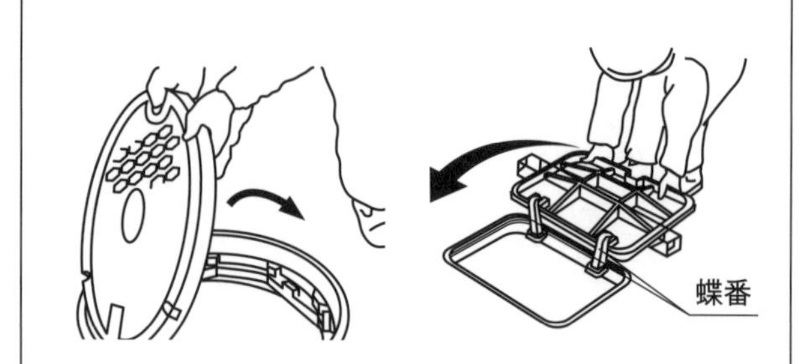

蓋の縁を持ち、蝶番を支点として蓋を枠内に静かに戻す。</td></tr>
<tr><td colspan="2">⑩-B　蓋を喰い込ませる
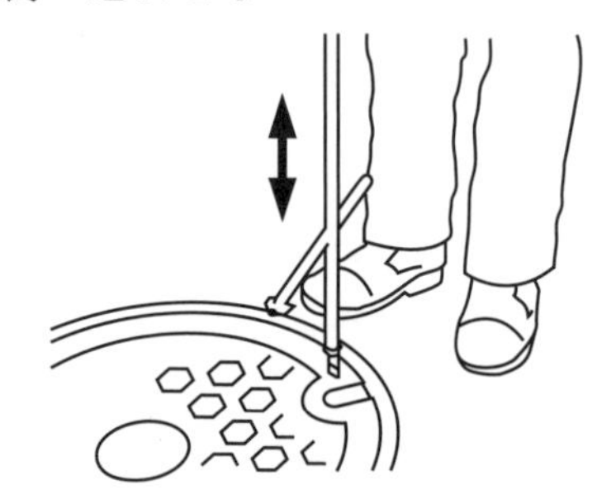 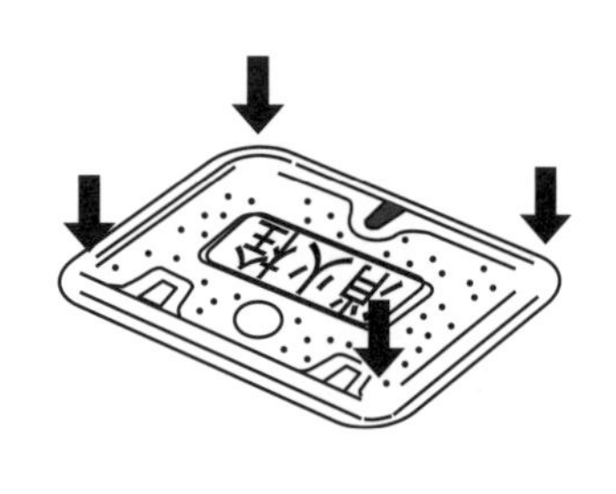
蓋に浮き上がりがなく、受枠に水平に収まるように、蓋外周を開閉器具で軽く叩いてレベル調整しながら、蓋を受枠に喰い込ませる。</td></tr>
</table>

3.3.2　開蓋状態における安全対策

バルブの操作や点検において、鉄蓋を開蓋状態で一定期間保つ場合には、開口部周囲を保安柵で確実に囲う等の安全対策に十分に注意する。

【解説】

バルブの操作や点検等のために、蓋を開けた場合には、作業中であっても、極力中途半端に閉めかけた状態でその場を離れることのないよう、必ず完全に閉めた状態に戻しておくことが安全対策の原則である。作業上の都合から、やむを得ず蓋を開けた状態でその場を離れなければならない場合には、開口部周囲を保安柵で確実に囲うなど、歩行者や車両通行への安全対策に万全を期さなければならない。また、蓋が急に閉まることのないように、防止対策を講じる必要がある。

3.4 鉄蓋類関連の事故事例

鉄蓋類に関連する事故事例には、がたつきによる蓋の跳ね上げ、路面との段差や鉄蓋表面の摩耗等による二輪車のスリップや転倒、除雪車のグレーダーによる蓋の突出部の引掛け（運転者の胸打ち事故の原因）などがある。

【解説】

鉄蓋類に関連する事故について、過去に水道賠償責任保険の適用となった事案を**表 3.49**に示す。また、各事案の人身事故の有無と保険金額の内訳を**表 3.50**に示す。

表 3.49 2010 年～2019 年の鉄蓋類に関連する保険適用事案

事故事例	件数	割合(%)
1　蓋の跳ね上がり、飛散、転落	72	84.7
2　蓋、調整部の破損	0	0.0
3　蓋周辺におけるスリップ、つまずき、転倒	5	5.9
4　その他※	8	9.4
計	85	100

令和２年 日本水道協会調査

※その他の事例について

- 洗管作業後の消火栓マンホール蓋が完全に閉まっておらず、車両の下部を破損させた
- 交差点中央の雨水マンホール蓋を開け漏水調査中、通行車両がマンホールに接触した
- 道路上のマンホールを開けて作業中、通行車両がマンホールに接触しバンパーが破損した
- 消火栓の鉄蓋を開けホースをつなぎ洗管作業中、ホース上を通行した車両が破損した
- 道路上の減圧弁室の鉄蓋を外し点検作業中、通行車両の誘導を行ったところ通行車両と道路脇の石垣が接触した
- 水路の漏水修繕に伴う作業で、現場付近の鉄蓋にがたつきがあり、それを踏んだ作業員が水路に落ち込み負傷した

表 3.50 人身事故と保険金額の内訳

人身事故の有無	件数	割合(%)
有	14	17
無	69	81
不明	2	2
保険金額	**件数**	**割合(%)**
1 万円未満	5	6
1 万～10 万円未満	33	39
10 万～50 万円未満	43	51
50 万～100 万円未満	3	3
100 万円以上	1	1

また、事故の詳細については、次のような事例が報告されている。これらを教訓に、事故防止対策の実施に十分配慮する必要がある。

（1）蓋の跳ね上がり、飛散、転落

【原因】
- 蓋のがたつきに起因する跳ね上がり（車両物損事故）
- 調整部モルタルの破損による枠ごとの跳ね上がり（車両物損事故）
- 錆などの原因による蓋の浮き上がり（車両物損事故）
- 角型鉄蓋のバルブ室内への転落（バルブ破損事故）
- 歩道用の蓋を誤って車道に設置したことによる飛散（車両物損事故）

【事例１】仕切弁蓋逸脱による車両の損傷

走行中、車両左後方より激しい音と衝撃を感じたため下車したところ、ホイールが損傷しタイヤがパンクしていた。近隣の方が事故当時、仕切弁蓋が飛散したことを確認しており、蓋の跳ね上がりによる車両の損傷と判明した。

（原因）：仕切弁蓋の老朽化。

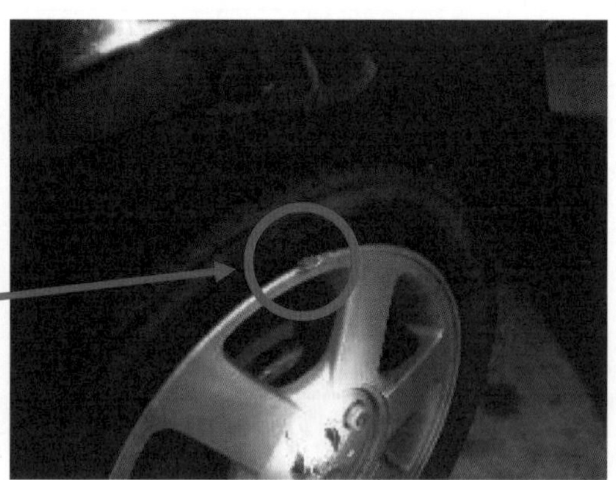

図 3.15 蓋の跳ね上がりによるホイール損傷の様子

（2）蓋、調整部の破損

【原因】　・除雪車のグレーダーによる蓋、受枠の破損（運転者の傷害事故）

・耐荷重性能の不足による蓋の破損

・受枠のボルト未緊結による調整部の破損

【事例２】消火栓調整部破損に伴う沈下による車両の破損

消火栓鉄蓋が８㎝強沈下しており、鉄蓋上を通行した車両のマフラー及びリアバンパーが路面と接触し破損した。

（原因）：消火栓室調整部の破損による沈下。

図 3.16　消火栓鉄蓋の沈下

（3）蓋周辺におけるスリップ、つまずき、転倒

【原因】 ・蓋表面の摩耗による耐スリップ性の低下（二輪車のスリップ事故）
・蓋の浮き上がりによる受枠との段差（自転車や歩行者の転倒事故）
・周辺舗装の沈下による受枠の突出（自転車や歩行者の転倒事故）

【事例３】仕切弁筐の段差によるつまずき

歩行者がキャリーバッグを引いて車道を歩いていたところ、仕切弁筐の段差につまずき転倒したことにより受傷する事故が発生。

（原因）：仕切弁筐がある場所は私道内であり、仕切弁筐周りの舗装が劣化して段差が生じていた。（設置後 11 年が経過）

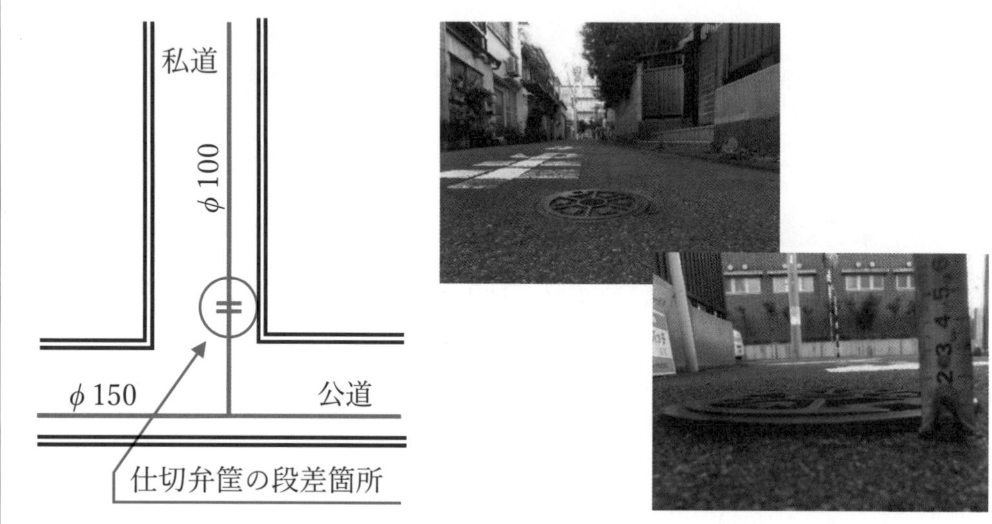

図 3.17 舗装の劣化に伴う仕切弁筐の段差

【事例４】破損した止水栓筐通行時の自転車転倒事故

鉄蓋が外れ、受枠の一部が破損した止水栓鉄蓋上を通行した自転車が、ボックスにハンドルを取られ転倒し、顔面を負傷した。

（原因）：当該止水栓がある場所は、幅員 4.4m の道路の中央部で車両のタイヤが頻繁に乗る場所ではなく、また、鉄蓋と鉄蓋周辺の舗装に段差がないため、車両通行による衝撃を受ける状況ではないが、設置後約 39 年が経過しているため老朽化が原因ではないかと思われる。

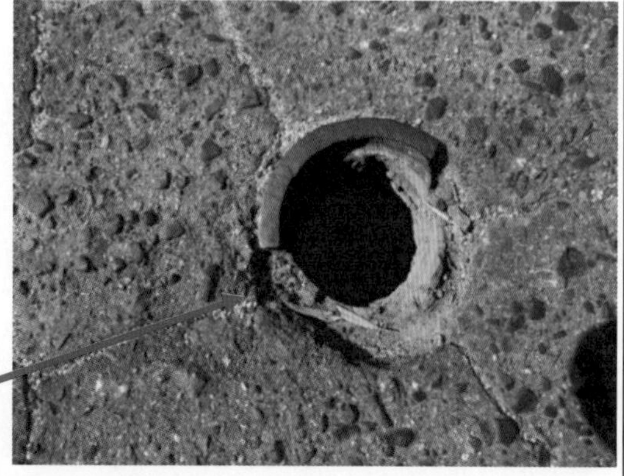

図 3.18 止水栓筐の破損状況

【事例５】カーブ箇所に設置された鉄蓋による転倒事故

カーブに差し掛かる場所に鉄蓋が２つ設置されており、バイクが鉄蓋上を通行時に滑って転倒。

(原因)：カーブに差し掛かる場所に設置された鉄蓋の表面模様が摩耗し、すべり抵抗が低下していた。

図 3.19　カーブに差し掛かる場所に設置されている鉄蓋

【事例６，７】経年劣化による鉄蓋の固着（開閉不能）

鉄蓋が固着したことによる蓋の開閉不能となった事例。

(原因)：老朽化により鉄蓋が腐食して固着し、開閉不能となった。

事例１

事例２

図 3.20　老朽化による蓋の固着

3.5 災害発生時の鉄蓋類関連の不具合事例

鉄蓋類に関連する不具合事例には、老朽化によるもの以外に、地震や豪雨等の災害発生に伴うものが発生している。主な不具合事例として地震動によるボックスや調整部のズレ、破損、内部への土砂堆積や浸水、バルブやボックスの傾きなどが確認されている。

【解説】

地震や豪雨等の災害発生に伴う不具合事例として、以下に示すものが確認されており、特に応急復旧作業に支障をきたし、復旧の遅れにつながる場合がある。施工時や日常の維持管理を行う上で対策可能な内容もあることから、災害発生に備え、事前の対策を実施しておく必要がある。

（1）地震動によるボックスや調整部のズレ

地震動による水平力で受枠や調整部にズレが発生し、そのまま放置すると、大型車等の通行に対して十分な耐荷重性能が発揮できず、ボックスが破損するおそれがある。

ボックスや調整部のズレの事例を**図 3.21** に示す。

図 3.21 ボックスや調整部のズレの事例

《対策例》

ボックスや調整部のズレの対策例としては、ボックスの据付け時に各部材の接合面に接合材を使用し、一体化しておくことがあげられる。（「**4.1 ボックスの据付け**」参照）

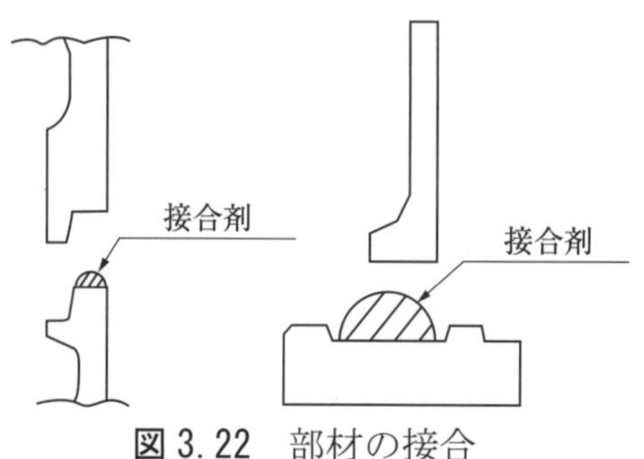

図 3.22 部材の接合

（2）鉄蓋のズレによる調整部の破損

受枠とボックスの上部壁がボルトで固定されていない場合、地震動による水平力で鉄蓋にズレが生じ、受枠についたズレ止めが調整部を破損してしまうことがある。

鉄蓋のズレによる調整部の破損の事例を**図 3. 23** に示す。

図 3. 23　鉄蓋のズレによる調整部の破損事例

《対策例》

鉄蓋のズレによる調整部の破損の対策例としては、据付け時にボックスの上部壁に受枠をボルトで固定することがあげられる。（「**4. 2　鉄蓋の据付け**」参照）

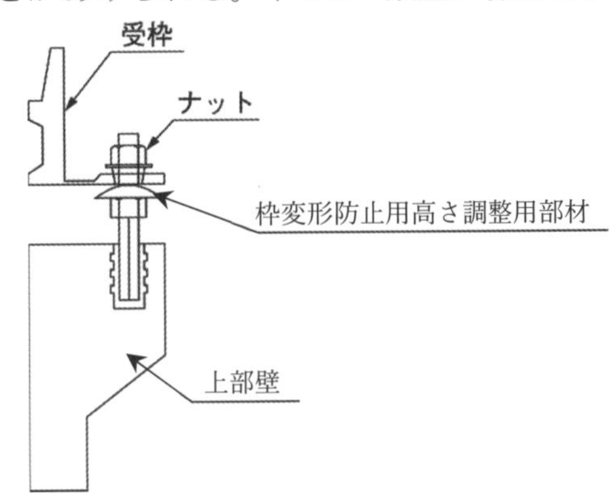

図 3. 24　受枠のボルト固定

（3）ボックス内への土砂堆積や浸水

地震動によりボックスや調整部にズレが発生した結果、周辺の土砂や浸入水がボックス内に流入する場合がある。また地下水位が高い場所などでは、ボックスの基礎部から地下水や土砂が浸入し、地下水位が低下したのちに土砂のみが堆積する場合がある。

また、地震災害時だけでなく、昨今頻繁に発生する集中豪雨等により、傾斜地に造成された住宅街の上方で発生した土石流が道路上を流れた際に鉄蓋を流し、併せてボックス内に大量の土砂が堆積したために、仕切弁及び消火栓の操作が不能となった事例などもある。

このような場合、直ちにバルブ等の操作を行うことができず、応急復旧作業の妨げとなり、２次的被害のおそれがある。また、空気弁が設置されている箇所においては、排気の妨げとなり、泥水を吸引してしまうおそれがある。

ボックス内への土砂堆積や浸水の事例を**図 3. 25、3. 26** 示す。

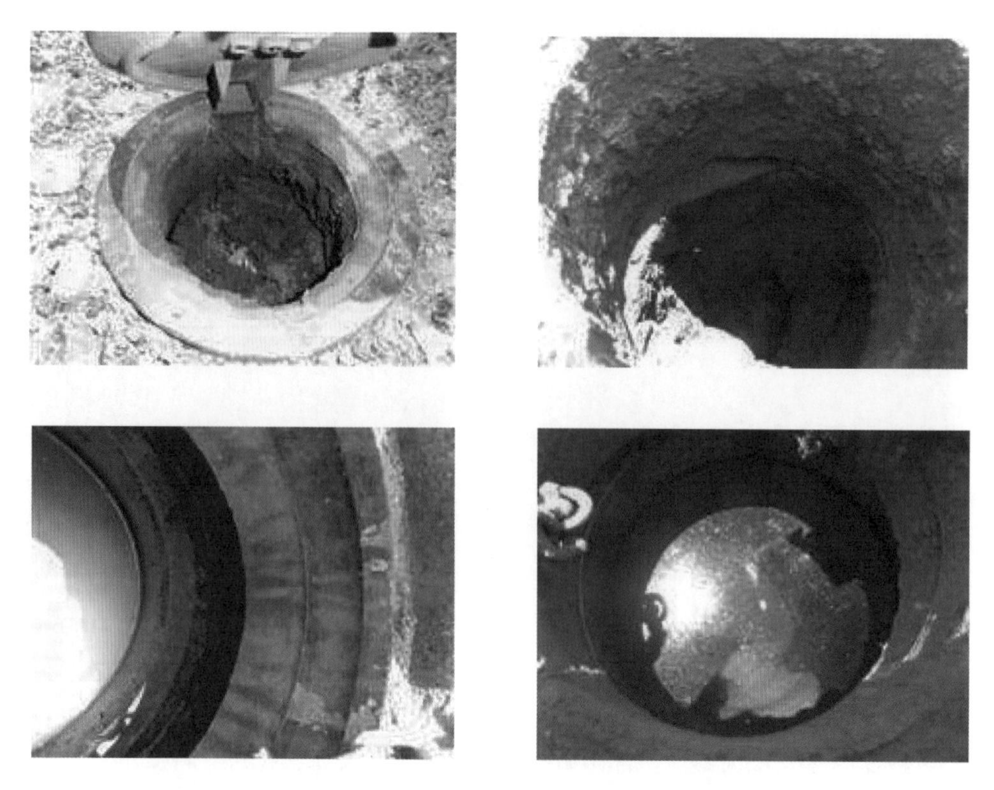

図 3.25 ボックス内への土砂堆積や浸水の事例

図 3.26 土石流による鉄蓋損失及びボックス内土砂堆積による操作不能の事例

《対策例》

これらの状況は、災害時だけでなく、平常時においても起こり得ることから、必要に応じて点検・調査の際に土砂を取り除く等の清掃作業を行う必要がある。

ボックス内への土砂堆積や浸水の対策例としては、ボックスや調整部のズレの対策例と同様に、ボックスの据付け時に各部材の接合面に接合材を使用し、一体化してズレを防ぐことがあげられる。（「**4.1 ボックスの据付け**」参照）

ボックスの基礎部からの土砂の浸入を防ぎ、ボックス内に滞水しないように基礎部は砕石等を使用することで、排水性を持たせることも有効である。（**図 3.27** 参照）地下水位が基礎部より低い場合には、バルブ室や弁筐内が浸水しないように底版部に水抜き穴を設ける場合がある。（**図 3.28** 参照）また、地下水位が基礎部より高くなる場合には、ボックス内への土砂の流入を防ぐために底版下面に透水シートなどを設置する場合がある。（**図 3.29** 参照）

蓋表面からの土砂の浸入を防ぐため、蓋に大きな開口穴のないものを使用する場合がある。

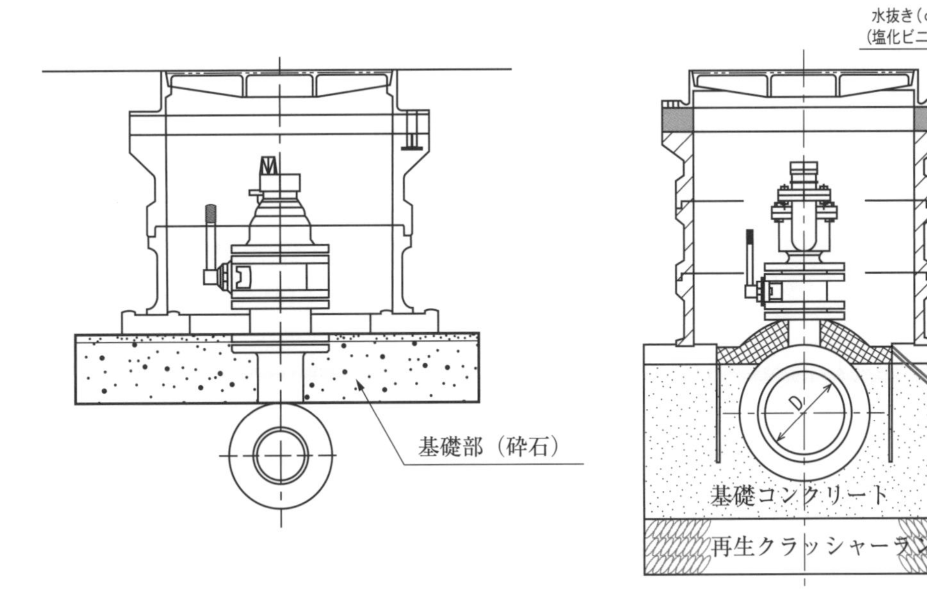

図 3.27 砕石基礎による施工例　　**図 3.28** 基礎部への水抜きの施工例

対策前
（空気弁が土砂に埋没）

対策１年経過後

図 3.29 透水シートの施工例

（4）バルブやボックスの傾き

地震動による水平力で受枠やボックスにズレが発生することで傾いた状態となり、専用器具が挿入できず、バルブ操作に支障をきたすことがある。

このような場合、ボックス内への土砂の堆積や浸水時と同様、直ちにバルブ等の操作を行うことができずに応急復旧作業の妨げとなり、２次的被害のおそれがある。

バルブやボックスの傾きの事例を**図 3. 30** に示す。

図 3. 30　バルブやボックスの傾きの事例

《対策例》

対策例としては、バルブのキャップに継足し棒を設置し、バルブやボックスが傾いても支障のない範囲にキャップ位置を調整することなどがあげられる。（**図 3. 31** 参照）

図 3. 31 継足し棒による対策例

第4章　水道用鉄蓋類の施工方法

本章では、鉄蓋類の施工方法について、一般的な施工手順（ボックス、鉄蓋の順で据付け）に従って記述する。記述内容は、施工要領、施工時の安全管理、製品保管上の注意事項等である。

鉄蓋類の施工方法は、製品への損傷や、製品本来が持つ性能に支障が生じることのないように、慎重かつ確実に施工する必要がある。また、製品の保管や運搬等においても、同様に、その取扱いに十分な注意が必要である。

なお、実際に現場で鉄蓋類を据付ける際には、各製品に添付されている取扱説明書や施工手順書及び各水道事業者が定める基準等に従って施工する。

4.1　ボックスの据付け

ボックスの据付けは、次のような手順で行う。

（1）基礎地盤は、据付け後にボックスが沈下しないよう、事前に十分転圧する。
　また、ボックス内の排水を促すため、排水性の良い基礎地盤にする。

（2）底版は、水準器等を用いて水平を確認しながら、道路形状や鉄蓋の開閉方向等を勘案し、所定の位置に据付ける。
　鉄蓋と路面との高低差は、ボックス上部と受枠との間（以下調整部と言う）に、モルタル充填又は調整リングを挿入して調整する。

（3）ボックスの各部材は、接合面を清掃した後、接合材を全周に盛り付けて、均等に接合する。

※表4.1　鉄蓋及びボックスの施工チェックシート参照

【解説】

（1）について

一般に、ボックスの基礎地盤は、埋戻し土などの不安定な土質であることが多い。そのため、車道部などでは、施工後に基礎地盤が変状して、蓋や周辺路面に沈下を生じるおそれがある。このような現象を防ぐには、事前に基礎地盤を十分転圧するとともに、据付け後、仮舗装の状態で、埋戻し土を含めて地盤をできるだけ安定化させた上で、本舗装を施工する。

また、ボックス内での滞水を防ぐため、排水性の良い基礎地盤とし、速やかに排水できるよう、考慮して施工する必要がある。（水道事業者や現地の状況によっては、ボックス内の水密性を確保するため、基礎部をコンクリートやモルタルで施工する場合もある。）

（2）について

ボックスの底版の据付けは、バルブ等の操作・点検が安全、迅速に行えるように、鉄蓋の据付け位置を確認して施工する。鉄蓋の位置や開閉方向は、周辺の道路形状や縦断勾配等に合わせて、将来の維持管理を考慮し決定する必要がある。したがって、底版の据付け時においても、その位置や方向を確認して施工する必要がある。

底版は、原則として水平に据付ける。路面と鉄蓋との高低差は、調整部（**図4.1**参照）に、モルタル充填又は調整リングを挿入して調整する。ただし、路面が急勾配の場合には、受枠のアンカー穴とボックスの固定用ボルト穴との離れが大きくなる。調整の可能な傾斜限界角度の目安は、約12%程度となっており、（**図4.2**参照）勾配の下側においては、受枠と上部壁を接触させないよう、注意が必要である。

道路の縦断勾配は、道路構造令により最大12%と定められており、多くの場合は調整部での勾配調整で対応が可能である。しかし、国内にはそれ以上の縦断勾配となっている道路も存在し（**注12**）、このような場合には、鉄蓋の勾配が最終的に路面と同程度の勾配に仕上がるように、極力調整部で勾配を調整し、それ以上の勾配は底版を含めてボックス全体を傾斜させ、据付ける必要がある。

注12　道路構造令制定前から存在する道路や、地方分権一括法に基づき独自の技術基準を定めている地方公共団体が整備した道路には、縦断勾配が12%を超える道路が存在する。

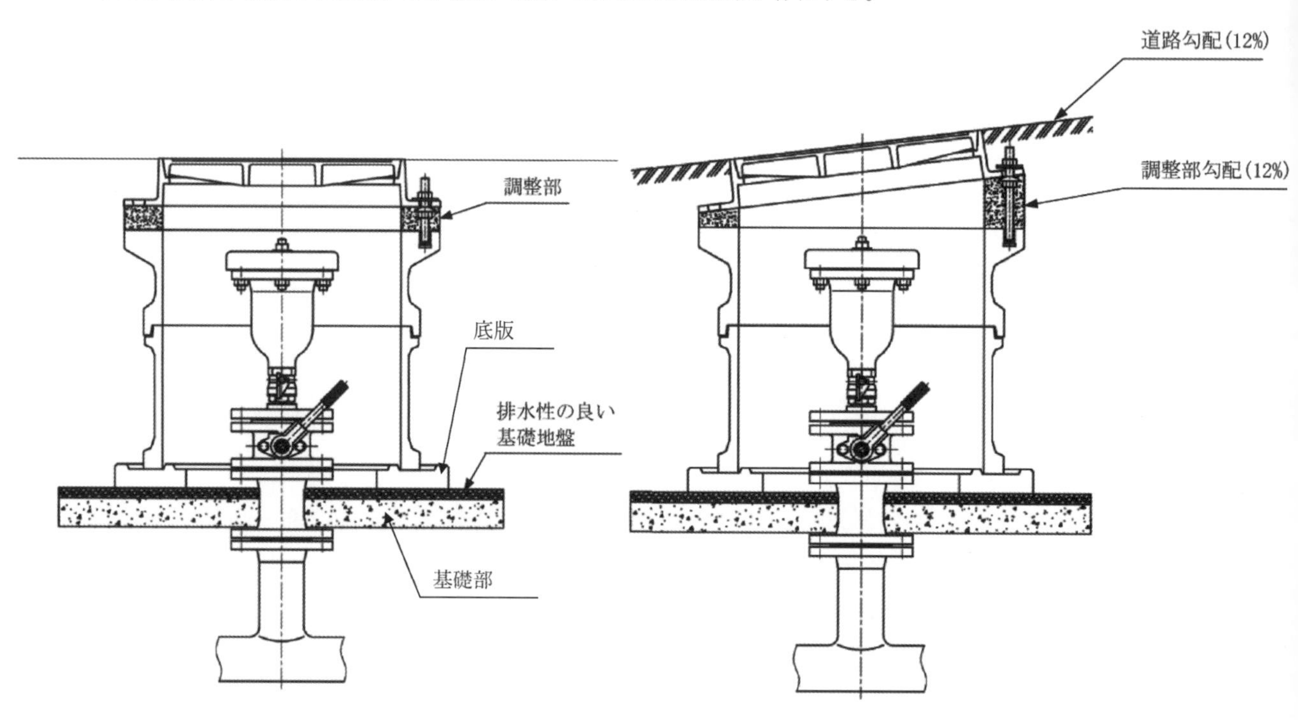

図4.1　据付け例（水平設置）　　**図4.2**　急勾配時の据付け例

（3）について

接合面に異物等が付着した状態でボックスを接合すると、その部分に偏った応力が発生し、破損などの原因となるため、事前に清掃を十分に行い、ボックスを据付けなければならない。また、ボックスの強度及び耐久性を保持するには、接合部の荷重伝達が平均化されるように、接合材を全周に盛り付けて、連続かつ均等に接合する。（**図4.3**参照）

接合材を使用せずに接合すると、地震などでボックスに外力が加わった際に接合部にズレが発生し、ボックスの破損やバルブの操作に支障をきたすおそれがある。（「**3.5　災害発生時の鉄蓋類関連の不具合事例**」参照）

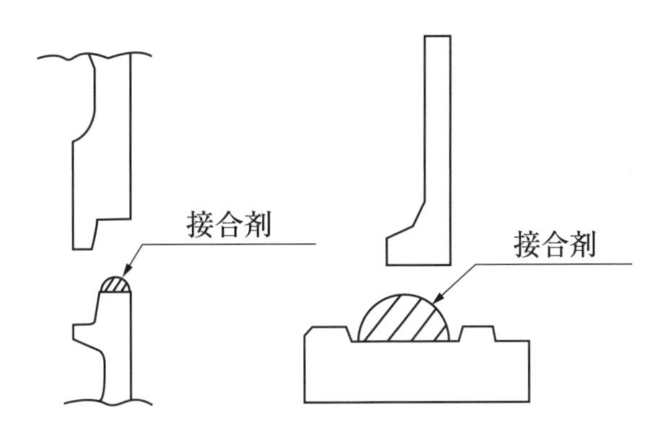

図 4.3　部材の接合

表 4.1　鉄蓋及びボックスの施工チェックシート

<table>
<tr><td>施工日</td><td>年　　月　　日</td><td>No.</td><td></td><td>記録者</td><td colspan="2"></td></tr>
<tr><td>施工場所</td><td colspan="6"></td></tr>
<tr><td>種類</td><td>□円形　　　　号
□角形　　　　号</td><td colspan="2">埋設物
(呼び径)</td><td colspan="3"></td></tr>
<tr><td></td><td>項　　　目</td><td colspan="4">内　　　容</td><td>確認</td></tr>
<tr><td rowspan="6">ボックス</td><td>底版の設置</td><td colspan="4">水平度を確認する。</td><td></td></tr>
<tr><td>ボックス接合面の清掃</td><td colspan="4">ボックス接合面を清掃する。</td><td></td></tr>
<tr><td>接合材の塗布</td><td colspan="4">ボックス接合面全周に接合材を塗布する。</td><td></td></tr>
<tr><td rowspan="2">ボックスの設置</td><td colspan="4">接合材が硬化する前に設置する。</td><td></td></tr>
<tr><td colspan="4">はみ出した接合材を拭き取る。</td><td></td></tr>
<tr><td>調整リングの設置</td><td colspan="4">上部壁上面に接合材を塗布する。</td><td></td></tr>
<tr><td rowspan="12">鉄 蓋</td><td rowspan="2">受枠固定用ボルトの取付け</td><td colspan="4">上部壁に受枠固定用ボルトを取付ける。</td><td></td></tr>
<tr><td colspan="4">緩みのないように締め付ける。</td><td></td></tr>
<tr><td>鉄蓋設置方向の決定</td><td colspan="4">鉄蓋の設置方向を決める。</td><td></td></tr>
<tr><td>高さ調整用部材の取付け</td><td colspan="4">受枠固定用ボルトに高さ調整用部材を取付ける。</td><td></td></tr>
<tr><td rowspan="3">受枠の設置</td><td colspan="4">受枠を設置する（高さ調整を行う）。</td><td></td></tr>
<tr><td colspan="4">ワッシャ、ナット等で固定する。</td><td></td></tr>
<tr><td colspan="4">受枠の変形の確認、ナットの緩み止め措置を行う。</td><td></td></tr>
<tr><td>高さ調整部のモルタル充填</td><td colspan="4">高さ調整部をモルタルで隙間なく充填する。</td><td></td></tr>
<tr><td rowspan="2">蓋の設置</td><td colspan="4">蓋の外周、受枠の内周及び底面を清掃する。</td><td></td></tr>
<tr><td colspan="4">ガタツキの有無を確認する。</td><td></td></tr>
<tr><td>埋め戻し</td><td colspan="4">蓋表面を保護する。</td><td></td></tr>
</table>

備考　項目「調整リングの設置」は、調整リングを使用した場合のみに適用する。

4.2 鉄蓋の据付け

鉄蓋の据付けは、次のような手順で行う。
（１）鉄蓋の受枠は、ボックス上部壁にボルトで固定する。
（２）受枠と上部壁との間の調整部には、無収縮モルタルなどを隙間なく充填する。
調整リングを使用する場合は、がたつきなどが生じないように注意して挿入する。
（３）蓋を受枠に取付ける際には、事前に、蓋の外周や底面、受枠の内周等を清掃し、土砂などを挟み込まないように注意する。
※表 4.1 鉄蓋及びボックスの施工チェックシート参照

【解説】

（１）について

鉄蓋の据付けは、最初に受枠をボックス上部壁にボルトで固定する。通常、この作業で鉄蓋の高さを調整するとともに受枠を含めた全体のがたつきを防止する。しかし、この際に、ナットの締め込みが緩いと施工後に受枠全体が揺動し、締めすぎると受枠に変形が生じるおそれがある。いずれの場合も、鉄蓋全体のがたつきの原因となるので、施工には十分注意する。

※ナットの締め込みによる受枠の変形の発生については、「**参考２．ナットの締め込みによる受枠変形検証試験結果**」を参照のこと。

なお、このようながたつきの発生を防止するには、別途、枠変形防止用高さ調整用部材（注13）を使用して高さ調整などを行う方法がある。

注 13 枠変形防止用高さ調整用部材： ボルトを強く締めた場合でも、受枠に過剰な応力が伝達されない構造になっており、がたつきを防止するとともに、高さ調整作業を容易にする部品。（図 4.4 参照）

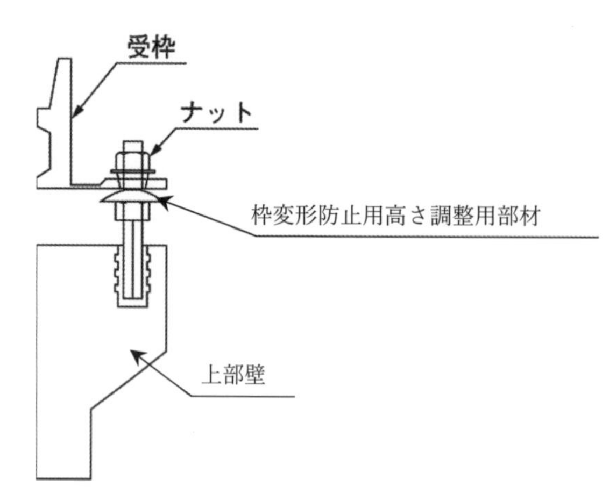

図 4.4 枠変形防止用高さ調整用部材の取付け例

（２）について

受枠と上部壁との間の調整部は、鉄蓋上を通行する車両荷重に耐えられるよう、十分な強度を有した材料で隙間なく施工されなければならない。調整部の施工には、一般的に無収縮モルタルや調整リングなどが使用されている。

１）無収縮モルタルによる施工

調整部へのモルタルの充填は、その量や強度が不足すると、施工後に隙間が生じて鉄蓋全体のがたつきの原因となる。（図 4.5 参照）

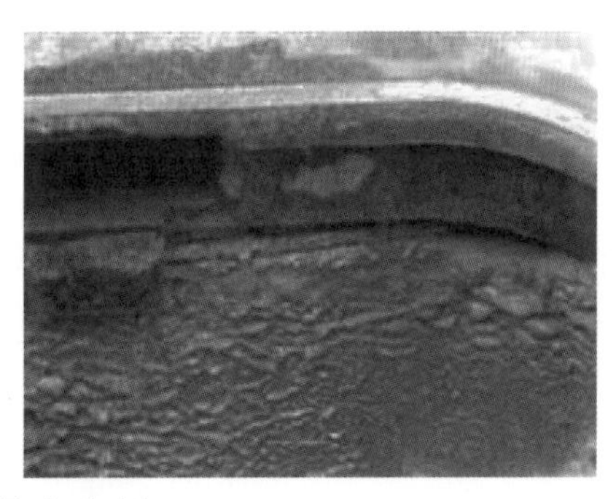

図 4.5　調整部施工の不具合事例

そのためモルタルの充填には、一般的に、無収縮高流動高強度速硬性モルタル（注 14）を使用する方法が多く用いられている。この方法により、道路勾配に合わせて受枠が傾斜している場合においても、調整部に隙間なく充填することが可能であり、また、施工精度のばらつきが少なく、作業者の熟練度に影響されず適確な施工が可能となっている。

注 14　無収縮高流動高強度速硬性モルタル：　セメントに各種の混和剤を配合し、狭い隙間の充填材料に適した性状をもつモルタルである。強度的には、施工後１～３時間程度で、実用に適した強度に達するので、交通量の多い車道部などで、早期の交通開放が必要な工事に使用できるメリットがある。また、流動性にも富んでいるため、流し込み方式の施工に最適であり、安定した施工精度が確保できる。（図 4.6 参照）

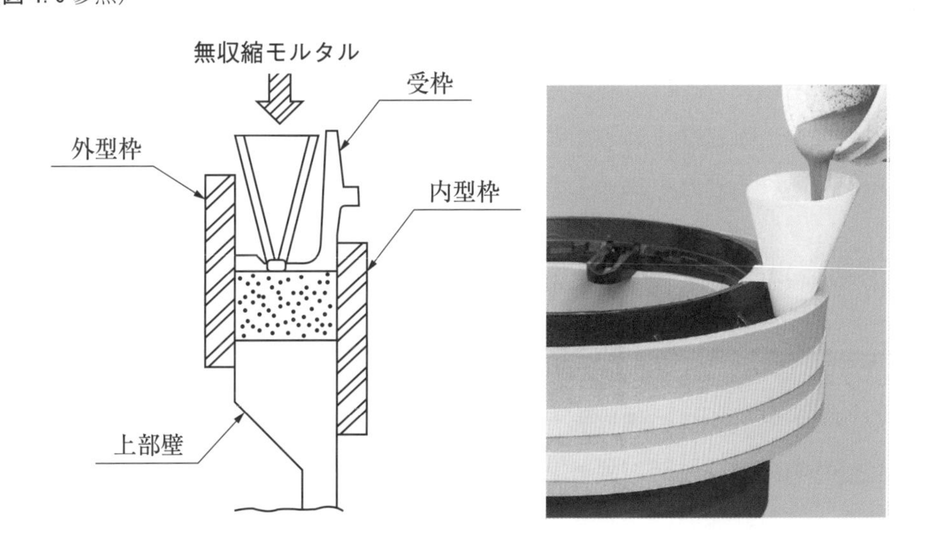

受枠の内側及び外側に型枠を取付け、受枠のアンカー穴から無収縮モルタルを流し込む。

図 4.6　無収縮高流動高強度速硬性モルタルによる充填方法例

２）調整リングによる施工

調整リングを使用する場合は、使用場所に応じた材質の選定が必要である。

調整リングの種類には、材質別に、レジンコンクリート製、鉄筋コンクリート製及び再生プラスチック製（注15）等がある。

再生プラスチック製調整リングの種類としては、厚みが１cm、３cm、５cmのものや、傾斜のついたものがあり、道路勾配に合わせて適切な調整リングを選定する。再生プラスチック製調整リングは、積み重ねる枚数が増えると、車両荷重によるたわみなどが発生し、不具合の原因となるおそれがあるため、極力少ない枚数で高さを調整することが望ましい。また、重車両の交通が頻繁な車道部等では、レジンコンクリート製（図4.7参照）を使用するとよい。

注15　再生プラスチック：　ポリエチレン樹脂、ポリプロピレン樹脂などの熱可塑性樹脂製品を粉砕リサイクルして再成形したプラスチックである。

図4.7　レジンコンクリート製調整リング

３）調整部の止水性が求められる場合の施工（樹脂モルタルによる施工）

一般に、バルブ室においては、計測用、バルブ駆動用の電気・機械設備が設置されることが多く、その場合、水密性を高めることが求められ、上部に据付けられる鉄蓋も防水性のある鉄蓋が使用されるとともに、その調整部においても同様の性能が求められる場合がある。

調整部の止水性を確保する施工方法として樹脂モルタル（注16）による施工がある。（図4.8参照）樹脂モルタルによる施工を行う際には、接着性を高めるため、受枠裏面及び上部壁上面にプライマーを塗布する必要がある。また、モルタルの充填が不足して調整部に隙間が生じないように、実際の調整高さよりも多めに上部壁上面に盛り付け、余盛り分を押しつぶして受枠を圧着しながら鉄蓋と路面の高さを合わせ、調整部の内面、外面から圧接して仕上げる。さらに確実な止水性を確保するために、上部壁から受枠下部までを樹脂モルタルで包むように施工する。

また、その他の方法として、無収縮モルタルで施工し、受枠、上部壁との間に目地用シーリング材を塗布し、止水する方法などもある。（図4.9参照）

注16　樹脂モルタル：　主剤と硬化剤の２液性の樹脂に乾燥珪砂を混ぜて調整部モルタルとして使用する。コンクリート及びセメントモルタルに比べ硬化時間が短いかつ初期強度が大きく、接着性がある。

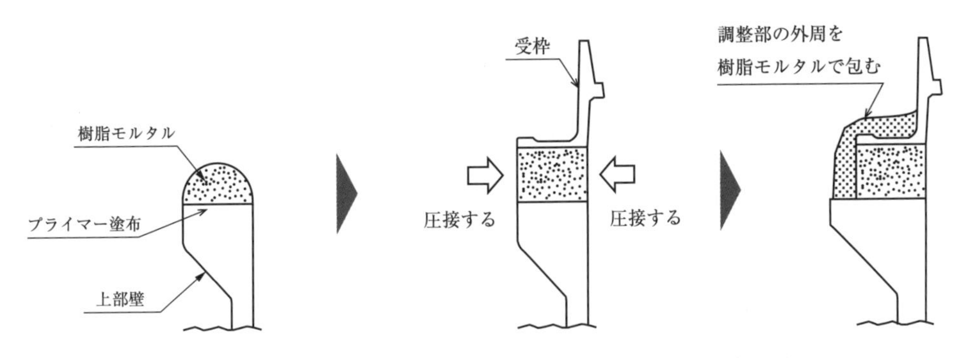

図 4.8　樹脂モルタルによる施工方法例

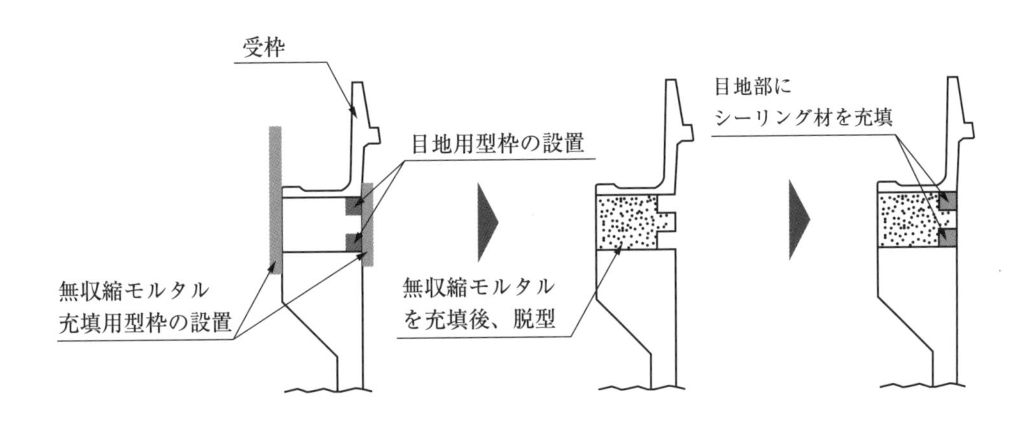

図 4.9　シーリング材による施工方法例

（３）について

蓋と受枠との接触面に小石、土砂等の付着物があると、蓋が受枠内に収まらず、がたつきが生じるおそれがある。そのため、鉄蓋の開閉作業時においても、接触面を清掃する必要がある。

また、蝶番付きの鉄蓋の場合には、受枠の取付け穴（蝶番座）に蝶番が挿入されていることを確認した上で、蓋を閉める必要がある。特に、角形鉄蓋の場合には、蝶番座に確実に蝶番が挿入されていないと、蓋がボックス内に落下するおそれがあるので十分注意する。

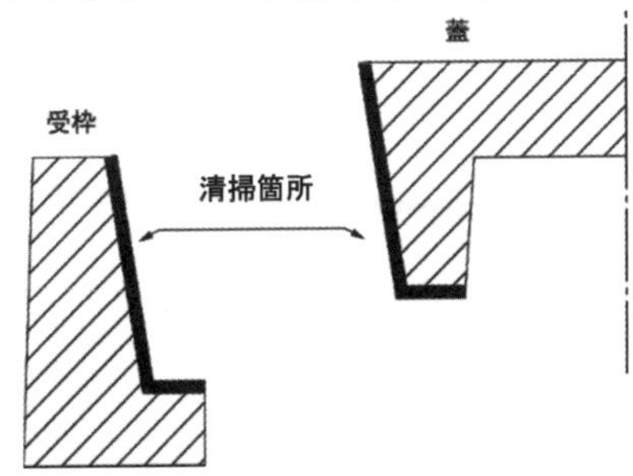

図 4.10　蓋及び受枠の清掃箇所

4.3　ねじ式弁筐の据付け

ねじ式弁筐の据付けは、次のような手順で行う。

（1）基礎地盤は、据付け後に弁筐の沈下、傾斜等が発生しないように、事前に砕石などを敷均して十分に転圧する。

（2）路面と弁筐との高さの調整には、上部枠を回転させて、下部枠との接合部に設けたねじで調節する。特に、傾斜地に据付ける場合には、将来の維持管理に支障とならないように、弁筐全体の傾きなどに十分に注意して施工する。

（3）円筒枠の短い弁筐とボックスを組み合わせて使用する場合は、弁筐とボックス上部壁をボルトで固定する。

※表 4.2　ねじ式弁筐の施工チェックシート参照

【解説】

（1）について

ねじ式弁筐は、据付け後に、弁筐の沈下、傾斜等が発生すると、バルブ等の開閉軸に対して偏心が生じ開閉作業の支障となる。そのため、基礎地盤は事前に砕石などを敷均して、十分転圧するなどの対策が必要である。

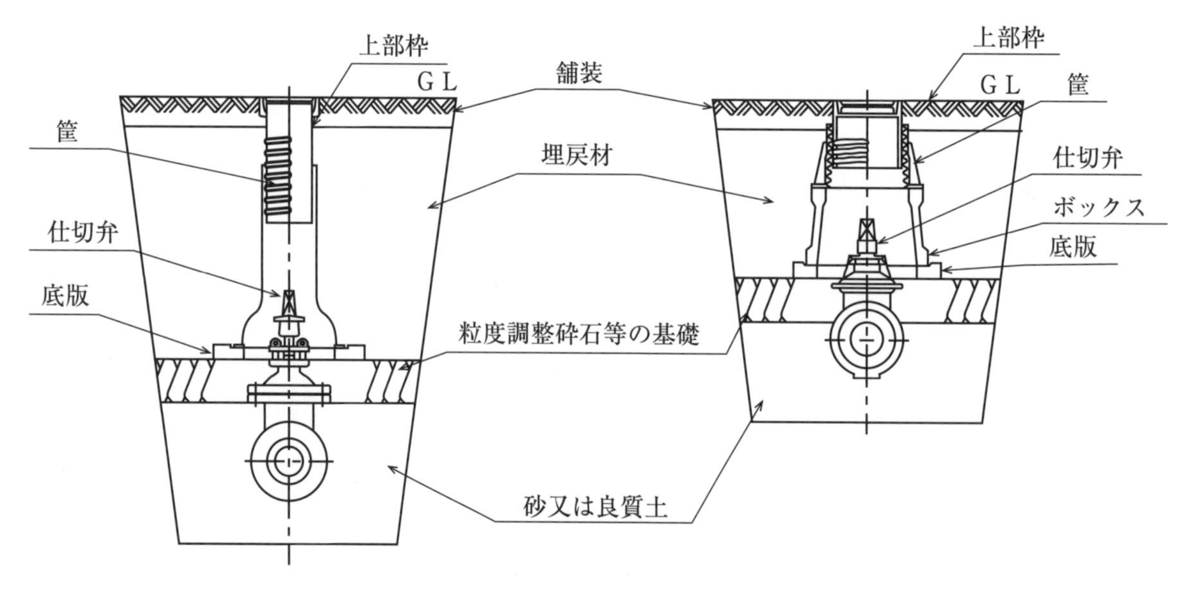

図 4.11　弁筐据付け例

（2）について

ねじ式弁筐は、上部枠と下部枠との接続部にねじが設けられており、弁筐を据付けた後に上部枠を回転させて、蓋と路面との高さを調節する。

ただし、A形・B形のねじ式弁筐を傾斜地に設置する場合には、蓋の開閉やバルブの操作等に支障とならないように、弁筐の傾きに十分注意しなければならない。（**図 4.12** 参照）そのため、蓋の勾配や開閉軸の傾きを常に確認しながら、慎重に施工する必要がある。その点について、C形はねじ式弁筐とボックスの間に調整部を設けることができるため、傾斜の調整が容易である。（**図 4.13** 参照）

また、C形に使用されているような内ねじ式で上部枠の外側が摩擦抵抗の少ないストレート形状のねじ式弁筐は、設置後でも周囲の表面舗装を掘削することなく、一定範囲内であれば嵩上げ、嵩下げが可能である。上部枠を回転させる工具については、各製品専用のものがあり(**図 4. 14** 参照)、高さ調整完了後には、車両通過による上部枠の回転を防止するため、固定ボルト等にて確実に固定する必要がある。

なお、ねじ式弁筐には一般的に、路面荷重などの安全性に配慮して、当該製品の仕様による調整可能範囲が定められている。そのため、将来の嵩上げ、嵩下げの可能性を考慮した上で、初期設置高さを決める必要がある。製品を最大高さ又は最小高さに近い高さで設置すると、将来の嵩上げ、嵩下げに支障を来たすおそれがある。

バルブの埋設深さが深い場合の傾斜対応として、**図 4. 15** のようにねじ式弁筐の下部枠を利用し、鉄蓋とボックスの間に設けた調整部で傾斜の調整を行う方法もある。

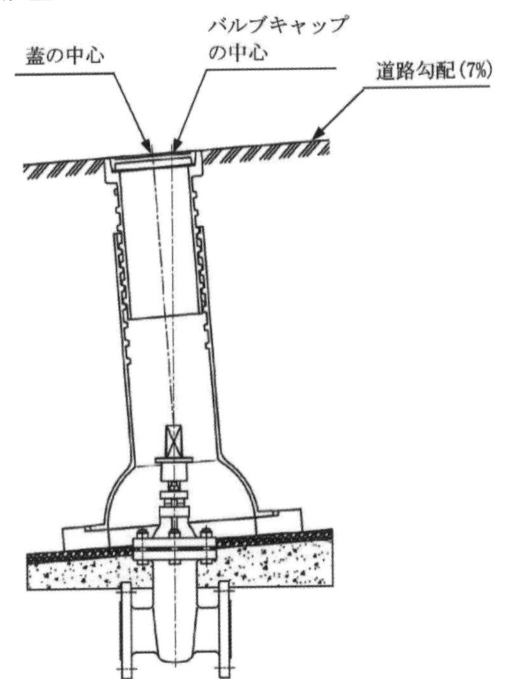

図 4. 12　傾斜時におけるＡ形弁筐据付け例

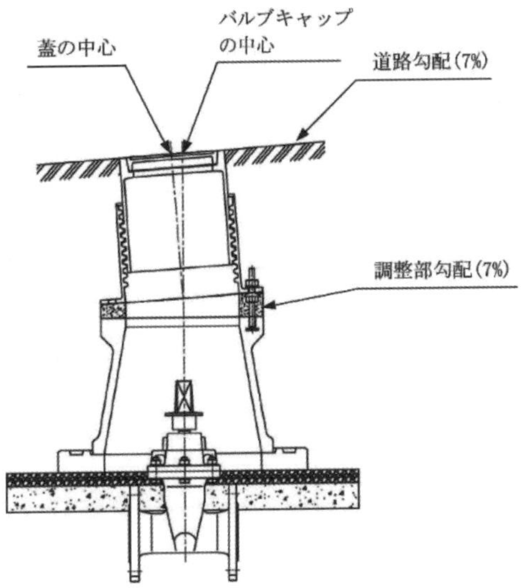

図 4. 13　傾斜時におけるＣ形弁筐据付け例

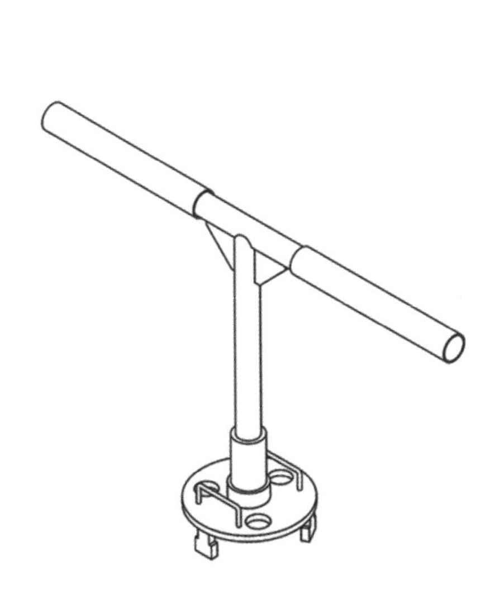

図 4. 14　上部枠回転用工具例

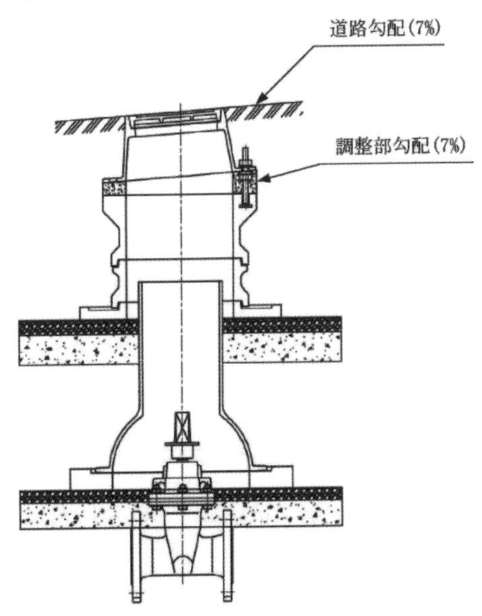

図 4. 15　下部枠を利用した傾斜対応据付け例

（3）について

円筒枠の短い弁筐とボックスを組み合わせて使用する場合は、円筒枠を含めた全体のがたつきを防止するため、下部枠とボックス上部壁をボルトで固定した後、上部枠を上下して高さを調整する。

表 4.2 ねじ式弁筐の施工チェックシート

施工日	年　月　日	No.		記録者	
施工場所					
種類	□A形　　号 □B形　　号 □C形　　号	埋設物 （呼び径）			

	項目	内容	確認	
			A形B形	C形
ボックス	底板の設置	水平度を確認する。		
	ボックス接合面の清掃	ボックス接合面を清掃する。		
	接合材の塗布	ボックス接合面全周に接合材を塗布する。		
	ボックスの設置	接合材が硬化する前に設置する。		
		はみ出した接合材を拭取る。		
筐	枠固定用ボルトの取付け	上部壁に受枠固定用ボルトを取付ける。		
		緩みのないように締め付ける。		
	筐設置方向の決定	筐の設置方向を決める。		
	高さ調整用部材の取付け	枠固定用ボルトに高さ調整用部材を取付ける。		
	枠の設置	枠を設置する（高さ調整を行う）。		
		ワッシャ、ナット等で固定する。		
		枠の変形の確認、ナットの緩み止め措置を行う。		
	枠の高さ調整	上部枠を回転させることにより高さ調整を行う。		
	上部枠の固定	上部枠をボルト等で固定し、回転しないことを確認する。		
	高さ調整部のモルタル充填	高さ調整部をモルタルで隙間なく充填する。		
	蓋の設置	蓋の外周、受枠の内周及び底面を清掃する。		
		ガタツキの有無を確認する。		
	埋め戻し	蓋表面を保護する。		

4.4　施工における注意事項

4.4.1　埋戻しにおける注意事項

鉄蓋類の埋戻しに当たっては、設置後の意図しない移動や傾斜が発生しないように、何層かに分けて周囲から均等に締固めする。

【解説】

埋戻しの際に、一方向のみから埋戻し材を投入すると、設置した鉄蓋類に移動や傾斜が発生し、ズレ、転倒、破損等の原因となるほか、転圧の際に偏りが生じ、鉄蓋及び周辺の沈下の原因となる。対策としては、何層かに分けて、周囲から均等に転圧し転圧機等が、ボックスなどと接触してクラック、欠け等の損傷を与えないよう、十分注意して施工する。

図 4.16　鉄蓋沈下の不具合事例

4.4.2　路面舗装における注意事項

路面舗装の施工は、次の事項に注意する。

（1）蓋の表面や受枠との隙間に、アスファルト乳剤などの舗装材を付着させないように注意する。

（2）舗装完了後に、鉄蓋と路面との段差が残らないようにする。

（3）アスファルトをバーナーで炙る際には、バーナーの火を鉄蓋表面に直接当てないように注意する。

【解説】

（1）について

路面舗装の施工に際して、アスファルト乳剤などの舗装材が、蓋の表面や受枠との隙間に付着すると、美観を損ねるばかりでなく、開閉操作の支障となる場合があるため、十分に注意して施工する。特に、表面にカラー樹脂を充填させた蓋の場合には、飛び散った舗装材などで汚さないように、シートなどで保護して施工する必要がある。また、付着させた場合には、付着物を完全に除去する必要がある。

図 4.17 鉄蓋と路面との段差の不具合事例

（2）について

舗装の施工後に、鉄蓋と路面との段差が残ると、歩行者や車両通行の妨げとなるため、舗装厚さを考慮した高さに、鉄蓋の周辺を十分に転圧しておく必要がある。

（3）について

バーナーの火が直接鉄蓋表面に当たると、塗装の劣化やカラー樹脂による表示部分の変色を引き起こすため、十分に注意して施工する。

4.4.3 鉄蓋類の運搬、保管上の注意事項

鉄蓋類の運搬、保管に当たっては、次のような事項に注意する。

（1）製品の車両運搬積み下ろしに際しては、振動や荷崩れによって、衝撃を与えないように対策を講ずる。

（2）製品の保管に際しては、積み置き、転倒、ズレ落ち等により破損させない。

また、保管場所は室内を原則とするが、やむを得ず屋外に保管する時にはシートなどで覆う。

【解説】

（1）について

製品の車両運搬を行う際は、荷崩れなどを起こさないように製品をロープなどで固定し、隣接する積荷の間に緩衝材をはさむなど、製品に直接衝撃を与えないような対策を講ずる。

積み降ろし時には、製品を荷台から落下させないように、丁寧に取り扱う。

（2）について

保管の際、積み置きする場合は、転倒やズレ落ち等による破損が起こらないように、その防止措置をとる。

保管場所は屋内が望ましいが、やむを得ず屋外に保管するときは雨風等を防ぐため、シートなどで覆うようにする。

4.4.4　その他の注意事項

鉄蓋類の据付けに当たっては、次のような点に留意する。
（１）保護具などの着用
（２）作業場所の安全確認
（３）製品の取扱い
（４）視覚障がい者誘導用ブロック等の誘導経路

【解説】

（１）について

作業中は、ケガなどの防止のためヘルメット、手袋、安全靴等の保護具を必ず着用する。特に、手袋は重量物を取り扱うため、滑りにくいものを使用する。

（２）について

作業中は周辺環境に目を配り、他の作業者及び歩行者や通行車両の安全に対して十分注意する。重機等を使用する際は、作業者が危険な位置に立ち入らないように、必要な対策を講ずる。

また、落下の危険がある鉄蓋（特にφ500 以上のもの）で蓋を開けた状態で長時間作業を行う際は、開口部を保安柵などで囲い、落下防止対策を講ずる。（図 4.18 参照）

図 4.18　保安柵の設置、及び落下防止柵使用例

（３）について

製品の多くは重量物であるため、必ず適正な人数の作業者で取り扱うと同時に、しっかりとした足場などを確保すること。無理な姿勢で作業を行うと、製品の落下や、怪我等の事故災害を起こすおそれがあるため、十分配慮して作業することが必要である。

（４）について

視覚障がい者誘導用ブロックが敷設されている法線上に鉄蓋類の設置が必要な場合は、道路管理者等と十分な協議を行い、その対応を検討する必要がある。

視覚障がい者の誘導経路を鉄蓋表面に表示する方法として、化粧用鉄蓋に視覚障がい者誘導用ブロックをはめ込む、又は鉄蓋表面にシート状の視覚障がい者誘導用ブロックを貼り付けるなどの方法がある。（図 4.19、図 4.20 参照）

図 4.19　化粧用鉄蓋による視覚障がい者誘導経路表示例

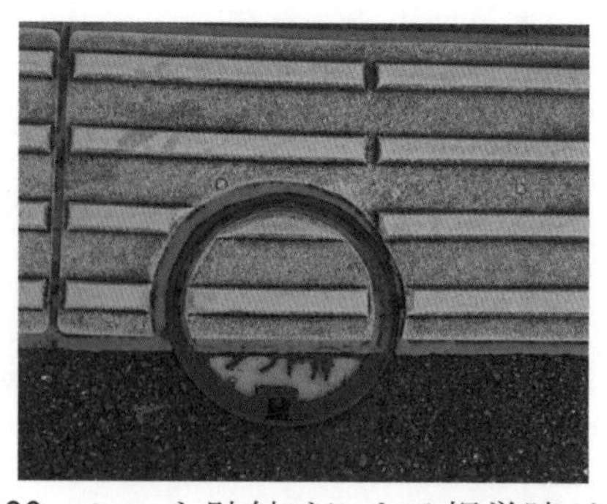

図 4.20　シート貼付けによる視覚障がい者誘導経路表示例

また、上記の方法以外にも、視覚障がい者誘導用ブロックを緩やかな曲線状に配置し、鉄蓋を迂回する方法や、視覚障がい者が安全に歩行できる程度に分断するなど、設置場所の環境などによりさまざまな対応方法が考えられるため、一般財団法人国土技術研究センター発行の「**道路の移動等円滑化整備ガイドライン**」等を参考にするとよい。

引用文献

・下水道用マンホールふたの計画的な維持管理と
改築に関する技術マニュアル　2012年3月
財団法人 下水道新技術推進機構

・道路橋示方書　2017年11月
公益社団法人 日本道路協会

・日本水道協会規格　公益社団法人 日本水道協会
JWWA B 132 :2007 水道用円形鉄蓋
JWWA B 133 :2007 水道用角形鉄蓋
JWWA B 110 :2000 水道用ねじ式弁筐
JWWA K 148 :2000 水道用レジンコンクリート製ボックス

・効率的なストックマネジメント実施に向けた下水道用マンホール蓋の
設置基準等に関する技術マニュアル　2020年3月
公益社団法人 日本下水道新技術機構

・水道施設の点検を含む維持・修繕の実施に関するガイドライン　令和元年9月
厚生労働省 医薬・生活衛生局 水道課

・管路維持管理マニュアル作成の手引き（Pipe Starsプロジェクト）　平成26年3月
公益社団法人 水道技術研究センター

・下水道管路管理マニュアル2019　2019年10月
公益社団法人 日本下水道管路管理業協会

・建設工事公衆災害防止対策要綱の解説　令和元年9月
国土交通省 大臣官房 技術調査課　土地・建設産業局 建設業課

・下水道用マンホールふたの維持管理マニュアル（案）　平成12年12月
社団法人 日本下水道協会

参　　　考

1．鉄蓋関連規格の変遷

年　度	制　定　・　改　正　の　内　容
1965(S40)	**JWWA B 106　水道用制水弁鉄フタ**
	JWWA B 110　水道用ネジ式制水弁キョウ
	JWWA B 112　水道用空気弁鉄フタ　制定
	（主な内容）・材料・・・JIS G 5501（ねずみ鋳鉄品）　２種（ＦＣ15）
	・構造・・・平受け構造
1966(S41)	**JWWA B 105　水道用消火セン鉄フタ**　制定
	（主な内容）・材料・・・JIS G 5501（ねずみ鋳鉄品）　２種（ＦＣ15）
	・構造・・・平受け構造
	・形状・・・角形
1998(H10)	**JWWA B 110　水道用ねじ式弁筺**　改正
	（主な内容）・材料・・・JIS G 5502（球状黒鉛鋳鉄品）　FCD600
	・構造・・・T25仕様、急勾配受け構造
	JWWA B 132　水道用円形鉄蓋
	JWWA B 133　水道用角形鉄蓋　制定
	（主な内容）・材料・・・JIS G 5502（球状黒鉛鋳鉄品）　FCD600又は700
	・構造・・・T25仕様、急勾配受け構造
	JWWA K 147　水道用止水栓筺　制定
	（主な内容）・材料・・・鋳鉄製部材：JIS G 5502（球状黒鉛鋳鉄品）　FCD500
	樹脂製部材：ＰＶＣ、ＦＲＴＰ、ＡＢＳ又はこれらと同等以上
	・構造・・・Ｔ２及びＴ８仕様筺：平受け構造
	T14仕様筺、急勾配受け構造
	JWWA K 148　水道用レジンコンクリート製ボックス　制定
	（主な内容）・構造・・・T25仕様、**JWWA B 132**及び**JWWA B 133**に対応
2000(H12)	**JWWA K 148　水道用レジンコンクリート製ボックス**　改正
	（主な内容）・浅層埋設に対応できるボックスの種類が追加
	JWWA B 110　水道用ねじ式弁筺　改正
	（主な内容）・浅層埋設に対応できる弁筺の種類が追加
2007(H19)	**JWWA B 132　水道用円形鉄蓋**
	JWWA B 133　水道用角形鉄蓋　改正
	（主な内容）・がたつき防止性の追加
	・道路橋示方書の改訂に伴う荷重たわみ性の変更
	・水道事業者が高機能をもつ鉄蓋の採用を検討する場合に判断材料となるよう、附属書Ａ～Ｅを参考として記載

2．ナットの締め込み方による受枠変形検証試験結果

鉄蓋を勾配のある設置場所などに据付ける場合、受枠を固定させるナットの締め込み方によっては、受枠に変形が発生して、蓋のがたつきの原因となるおそれがある。そのため、このようなケースのナットの締め込み方と受枠の変形を検証した。その試験結果を示す。

［条件］

・高さ調整用部材は、厚さ約１㎝の鉄板を使用し、鉄板の枚数によって高低を付けて設置勾配を設定した。

・測定した２方向の変形量の差を変形度として設定する。

ただし、円形鉄蓋は受枠変形による最大内径と最小内径の直交方向、角形鉄蓋は長手と短手の２方向とする。

［試験方法］

①受枠の２方向に変位計を取付ける。

②トルクレンチにてナットを締付ける。

③受枠の変形量を変位計にて読み取る。

［試験結果］

参考表 2.1　円形鉄蓋の締付けトルクと受枠の変形度（㎜）

配置勾配	締付けトルク（N・m）			
（％）	39.2	58.8	78.4	98.0
0	0.37	0.5	0.64	0.69
4	0.91	1.13	1.42	1.63
12	0.89	1.37	1.71	1.82

内径 600 の試験鉄蓋を使用。

参考表 2.2　角形鉄蓋の締付けトルクと受枠の変形度（㎜）

配置勾配	締付けトルク（N・m）			
（％）	39.2	58.8	78.4	98.0
0	0.12	0.35	0.50	0.59
4	0.22	0.40	0.51	0.64
12	0.31	0.41	1.31	1.74

内法 500×400 の試験鉄蓋を使用。

［考察］

試験結果は、円形、角形の鉄蓋とも、勾配を付けた状態で、受枠をセットするためにナットで締め込むと、受枠に変形が生じていることを示している。

蓋と受枠とも製造時に精密加工されているので、受枠が変形すると蓋が正常に納まらないため、がたつきが発生する。

このような不具合を防止するために、受枠の変形を生じさせない枠変形防止用高さ調整用部材を使用することが望ましい。

３．舗装に関するすべり抵抗値の評価方法

道路に設置される水道用鉄蓋類は、道路の一部として、耐荷重性やがたつき防止性といった基本的な性能に加え、スリップ防止性として、設置される道路と同等のすべりにくさが求められる。

舗装の技術基準においても、従来の仕様規定から性能規定化がなされ、必要に応じ定める性能指標として「すべり抵抗値」が取り上げられており、関連する技術基準や指針類において、以下のような記述がある。

（1） すべり抵抗値の測定方法例

舗装に関するすべり抵抗値の評価方法については、公益社団法人日本道路協会の「**舗装設計施工指針**」（平成 18 年版）や「**舗装性能評価法**」（平成 25 年版）の中で、以下のような測定方法が紹介されている。（**参考表 3.1** 参照）

参考表 3.1 舗装のすべり抵抗値の評価に用いる測定方法例

対象	舗装（現地）		
測定機器	すべり抵抗測定車 	ＤＦテスター 	振り子式スキッド・レジスタンステスター 
測定値	すべり摩擦係数	すべり抵抗係数	ＢＰＮ値
測定方法	独立した試験タイヤを有し、この試験タイヤをロックさせた状態で、このタイヤに発生する制動力を検出し記録する。	回転する円盤にタイヤゴムピースが取り付けられ、路面とタイヤゴムピースが接する構造で、ゴムピースに作用する摩擦力等を計測し記録する。	振り子の先に取り付けられたゴム製のスライダーを反復運動させて、測定面と接触しすべり抜ける時に生じる抵抗を目盛りで読み取る。

※ 「測定値」について、それぞれ表現は異なるが、「すべり抵抗値」を評価するため、それぞれの測定機器によって測定した数値を示す。

（2） すべり抵抗値の基準値

国土交通省による「**舗装の構造に関する技術基準**」においては、必要に応じて定める性能指標として「すべり抵抗値」が挙げられているものの、すべり抵抗に関する基準値や測定方法に関する記述はない。

また、「**舗装性能評価法**」（平成 25 年版）の中でも、すべり抵抗値の基準値やその考え方について、「測定方法を含めて一律に示しにくい」とされており、参考として以下のような基準値等が示されている。

○工事の参考例

「**舗装施工管理要領**」（平成24年7月、東・中・西日本高速道路株式会社）

建設工事に適用する密粒度系のアスファルト舗装及びコンクリート舗装のすべり抵抗値の出来形基準値・・・・・$\mu \geqq 0.35$

（ここでのμは、すべり抵抗測定車における測定速度80km/hにおけるすべり摩擦係数）

○維持管理の指標

「**道路維持修繕要綱**」（昭和53年7月）

アスファルト舗装及びコンクリート舗装に対する維持修繕要否判断の目標値の1つ・・・・・すべり摩擦係数0.25

（ここでのすべり摩擦係数は、すべり抵抗測定車による測定方法により、自動車専用道路の場合は80km/h、一般道路の場合は60km/hで、路面を湿潤にして測定する。なおこの値は、あくまで供用中の舗装の維持修繕要否の判断目標値であり、舗装を新設する場合の出来形基準とは異なる。）

上記のとおり、すべり抵抗の測定速度でもすべり摩擦係数は異なり、また、濡れたアスファルト路面、砂利道、凍結した路面など、路面の性状によってもすべり摩擦係数は異なることから、どのような設置条件や供用状況を想定するかを明らかにして指標を検討する必要がある。

さらに、これらのすべり抵抗値の測定方法や基準値の考え方は、車道部を中心とする車両等に対するすべり抵抗に関する内容が中心となっているが、近年、高齢者の増加等による歩行者のすべり事故防止の観点から、歩道部の舗装に関するすべり抵抗に関する評価・研究も進んでおり、歩道部においては、歩行者を対象としたすべり抵抗に関する評価方法や基準を検討する必要がある。

４．蓋表面模様のすべり抵抗測定試験結果

（１） 目的

道路上の鉄蓋は、二輪車などのスリップ事故防止の観点から舗装用材料と同一レベルに近づけて設置することが望ましい。そのような鉄蓋のスリップ防止性能を確認するために、蓋表面模様のすべり抵抗係数を試験測定した。測定方法については、「**３．舗装に関するすべり抵抗値の評価方法**」を踏まえ、ＤＦテスターを鉄蓋表面評価用に改良したＤＦテスターR85を使用した。

（２） 試験概要

１）試験場所　Ｈ社栃木工場

２）試験実施日　平成16年５月19日

３）試験立会者　日本水道協会「水道用バルブ・鉄蓋維持管理向上委員会」

４）測定方法

ＡＳＴＭ規格のＥ-1911-98に準拠した試験機（ＤＦテスターR85）にて、**参考図4.1**に示す蓋表面上の９箇所のすべり抵抗係数を測定した。（**参考図4.2**、**4.3**参照）
なお、測定値は、各測定部ごとに３回測定して、３回の平均値とした。

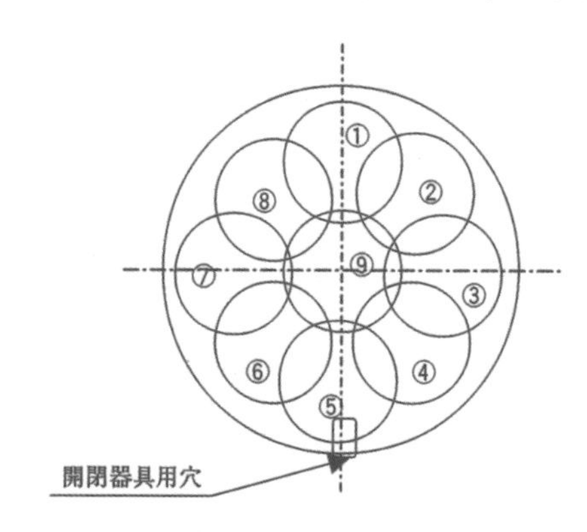

参考図4.1　測定部

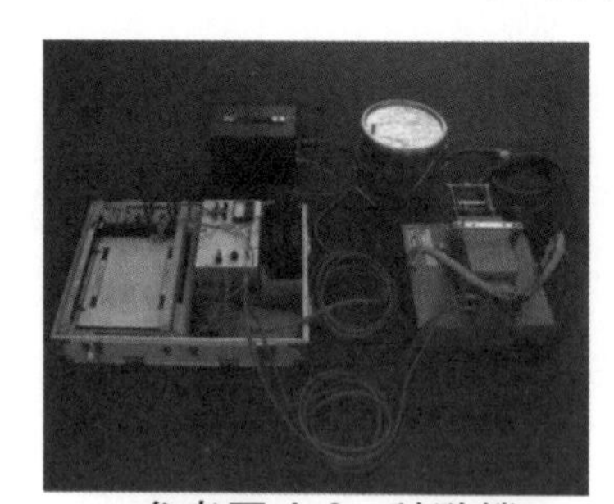

参考図4.2　試験機

参考図4.3　測定状況

5）測定結果

3種類の供試体（**参考図 4.4** 参照）のすべり抵抗係数測定結果を示す（**参考表 4.1**）。

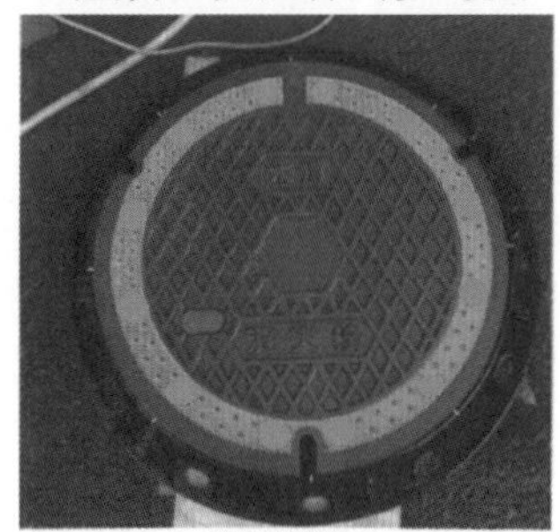

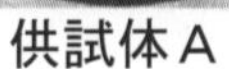

供試体A

供試体B

供試体C

参考図 4.4　供試体

参考表 4.1　すべり抵抗係数測定結果

測定部 / 供試体	1	2	3	4	5	6	7	8	9
A	0.43	0.4	0.48	0.46	0.49	0.47	0.43	0.43	0.5
B	0.42	0.44	0.41	0.43	0.42	0.47	0.46	0.43	0.49
C	0.76		0.73		0.70		0.69		0.78

備考1．Cタイプは、蓋表面の模様が同一であるため、5箇所のみとした。

2．塗装による影響をなくすため、表面の塗装をショットブラストにて除去した。

水道用鉄蓋類維持管理マニュアル 2021
価格：3,025 円（税抜価格 2,750 円）

令和３年３月 31 日　　初版発行

発行所　公益社団法人　日本水道協会
〒102－0074　東京都千代田区九段南４丁目８番９号
編集　電　話　(03) 3264－2359
ＦＡＸ　(03) 3264－2205
販売　電　話　(03) 3264－2826
ＦＡＸ　(03) 5210－2216

印刷所　クボタエイトサービス株式会社
〒104－8307　東京都中央区京橋２丁目１番３号

ISBN978-4-909897-14-5 C3051 ¥2750E